认识无穷的八堂课

数学世界的冒险之旅

[以] 哈伊姆·夏皮拉（Haim Shapira）◎ 著

张诚 梁超 ◎ 译

EIGHT
LESSONS ON
INFINITY
A Mathematical
Adventure

人民邮电出版社

北京

图书在版编目（ＣＩＰ）数据

认识无穷的八堂课 ： 数学世界的冒险之旅 / （以）
哈伊姆·夏皮拉（Haim Shapira）著 ； 张诚，梁超译
. -- 北京 ： 人民邮电出版社，2021.8
 ISBN 978-7-115-55458-1

Ⅰ. ①认… Ⅱ. ①哈… ②张… ③梁… Ⅲ. ①数学—
普及读物 Ⅳ. ①O1-49

中国版本图书馆CIP数据核字(2020)第238609号

- ♦ 著　　　　［以］哈伊姆·夏皮拉（Haim Shapira）
  译　　　　张 诚 梁 超
  责任编辑　李媛媛
  责任印制　王 郁 陈 犇
- ♦ 人民邮电出版社出版发行　　北京市丰台区成寿寺路 11 号
  邮编　100164　电子邮件　315@ptpress.com.cn
  网址　https://www.ptpress.com.cn
  北京虎彩文化传播有限公司印刷
- ♦ 开本：700×1000　1/16
  印张：11.25　　　　　　　2021 年 8 月第 1 版
  字数：148 千字　　　　　2024 年 8 月北京第 6 次印刷
  著作权合同登记号　图字：01-2019-7203 号

定价：49.90 元

读者服务热线：**(010)81055410**　印装质量热线：**(010)81055316**
反盗版热线：**(010)81055315**
广告经营许可证：京东市监广登字 20170147 号

内 容 提 要

本书以数论和集合论两个数学理论为依据来展开介绍无穷这一概念。全书的形式为每一讲为一堂课，共8章，每一章都以幽默、轻快的笔触，以及最基础的数学符号来讲述与无穷相关的理论及悖论，展现了数学世界的精彩。在书中我们会遇到许多既熟悉又陌生的数学家、思想家，了解他们在数学之旅中的故事，如芝诺、毕达哥拉斯、伯特兰·罗素、艾米·诺特、欧几里得等；还介绍了相关的悖论和问题，如芝诺悖论、希尔伯特的旅馆悖论、阿基里斯与众神悖论、天堂与地狱悖论、罗斯-利特尔伍德悖论、伽利略悖论等。

本书读起来轻松惬意，适合所有爱好数学的人阅读。

致　谢

在最前面，我要感谢伊坦·伊尔费尔德（Etan Ilfeld），他对我和我的作品充满信心。感谢我忠实的翻译琳达·耶基尔（Linda Yechiel）。我要特别感谢阿兰·德克尔（Alain Dekker）的不断鞭策，鼎力协助。衷心感谢集合论专家汤姆·本哈莫（Tom Benhamou）的精心修订。我还要感谢本书的项目经理斯拉夫·托多罗夫（Slav Todorov），并向为本书辛勤劳作的沃特金斯出版社的工作人员致谢。最后，也是很重要的，我要感谢我的经纪人维姬·萨特洛（Vicki Satlow）和齐夫·刘易斯（Ziv Lewis）。

目　录

引 言

如果我的学业能重新开始，我将遵从柏拉图的教诲，从数学启蒙。

——伽利略·伽利雷

英国生物学家、公知，理查德·道金斯曾经提到，谁都不乐意承认自己在文学方面胸无点墨，但觉得不懂科学倒也无伤大雅，至于数学，那就是完完全全的白板一张。道金斯也不是第一个揭穿这种想法的人——他觉得这已经是陈词滥调了。

当然事实就是这样。谁也不会自夸从没读过一本书，从没看过一幅画，从没——一次也没——听过音乐。如果做个调查，你保证会发现受过教育的成年人里无人不知莎士比亚、伦勃朗、巴赫。他们也可能知道一些大数学家的名字，比如毕达哥拉斯、艾萨克·牛顿、阿尔伯特·爱因斯坦。但是又有多少人听说过莱昂哈德·欧拉、斯里尼瓦瑟·拉马努金或是格奥尔格·康托尔？

或许有那么个时刻，你也曾自问："这些人是谁？他们的名字如此陌生。"这些人是大数学家啊，非常伟大的数学家！

我爱好音乐，醉心文学，但我满心相信拉马努金的数学公式毫不逊色于巴赫的音律，康托尔关于无穷的大发现能与莎士比亚的作品同辉。

既然我们把文艺天才与数学天才相提并论，我想指出康托尔精通莎士比亚，爱因斯坦娴于钢琴和小提琴。这种现象很常见，我就知道好多数学家在文学、艺术和音乐方面知识丰富。其实，德国数学家卡尔·魏尔斯特拉斯曾经说过，不懂诗歌的数学家不是好数学家。但是，反过来情况可不同：在文学、音乐、美术界，不少人对数学深恶痛绝。

为什么会这样？为什么这么多人（还是上过学的），羞愧着逃离精妙绝伦、错综复杂、令人如痴如醉的数学世界？

大概，主要原因是数学对于想认识它的人来说非常难，几乎不可接近。没错，数学非常复杂，需要人们花时间、动脑筋去理解它的复杂，有时不得不潜入深渊去获取精美的珍珠。

有一天，我在翻阅数学书时起了写这本书的念头。那时，我注意到我的藏书大概分为以下两类。

1）面向外行人的数学书。有些相当精彩，但是主要讲述数学故事，而非数学本身。

2）面向数学家的数学书。这类也有许多精品，但是只有数学家能读（懂）。

所以我想写本"第三类"数学书。我想给外行人简简单单、清清楚楚地讲两个我觉得最迷人的数学理论——数论和集合论，它们都是跟无穷有关的理论。另外，我也讲述一些数学思维中的策略，有助于读者自学，解决一些引人入胜的数学问题。

我非常期待有好奇心、有思考欲的读者能享受这本书，所以我一定不使用任何"可怕"的数学符号（在本书里你一定看不到 $\nabla f(x_1, \cdots, x_n)$、$\frac{\partial f}{\partial x}$、$\iiint$、$\lim_{x \to \infty}$ 什么的）。我只用最基础的数学运算（加减乘除，还有一些"进阶"术语，比如乘方和开方），但这并不是说你不需要深入思考。我也尽量使语言风格轻松、令人愉悦。希望大家能喜欢这本书。

准备

思维导论

思维是灵魂的自语。

——柏拉图

如果你已经花工夫读了上面的引言（为什么有许多人从不读引言啊？），就知道我的数学藏书数目可观。我最喜欢的一种消遣就是拿有趣的问题来玩耍。嗯嗯，我当然会这么干。这就是我研究的方向嘛——让人不需要上过大学也可以享受数学之美。如果你有耐心戴一会思考帽，这里有成千上万个有趣的（一些很有名的）数学问题和悖论让你思考。几乎人人都可以稍做努力，就能解决最初看来相当复杂的问题。

在本部分，我简单给出一些我心爱的数学问题（从简单的到深奥的），毫无疑问地没有答案（如果你能解答，有一大笔奖金哟），关键是让你感受一下，你将要探索的数学世界多么五光十色。

宏大的小研究——一个开放问题

许多年前，我读到道格拉斯·霍夫施塔特获普利策奖的《哥德尔、艾舍尔、巴赫：集异璧之大成》。作者本人把这本书描绘成"刘易斯·卡罗尔意境下的关于思想和机械的隐喻赋格"。它涉及数学、音乐、对称理论、人工智能和逻辑王国的多个领域，还包含大量数学谜题。我来给你讲一个。

你心里想一个数，这里我是指整数。（阿喀琉斯，脚踵有缺陷的那位英雄，他也是霍夫施塔特书中的人物，想的是 15。你当然也可以选你喜欢的数。）

现在进行如下操作：如果是偶数，就除以 2；如果是奇数，就乘以 3 再加 1。如此不断进行，直到得 1（如果你真的得到了 1）。我们看看这是怎么做的。

15 是奇数，所以乘以 3 再加 1。

$15 \times 3 + 1 = 46$。

46 是偶数，所以折半得 23。这是奇数，所以乘以 3 再加 1。

$23 \times 3 + 1 = 70$

我们继续：

$70/2 = 35$

$35 \times 3 + 1 = 106$

$106/2 = 53$

$53 \times 3 + 1 = 160$

$160/2 = 80$

$80/2 = 40$

$40/2 = 20$

$20/2 = 10$

$10/2 = 5$

$5 \times 3 + 1 = 16$

$16/2 = 8$

$8/2 = 4$

$4/2 = 2$，最终 $2/2 = 1$，到达终点。

问题在于，是任何数最终都能到 1 吗？

你再试试其他数好不？由于数本身的不同, 过程可能相当漫长, 相当费纸。如果你用计算机来执行的话（预警一下），可能超时。

霍夫施塔特建议阿喀琉斯试试 27。你也可以试试，给你几分钟……或者几小时。

放弃了吗？如果你从 27 开始，这过程看来无休无止，终点遥不可及。事实上，你需要的步数是 111。

在他的书里，霍夫施塔特警告阿喀琉斯别想找到上述问题（所有数经过运算是否最终变到 1）的答案，说这个就是所谓的"科拉茨猜想"。科拉茨猜想是数学界众多"开放问题"之一。开放问题就是指还没有人能解答的数学问题。科拉茨猜想说的是无论从哪个数开始，按上述要求计算，最终都得到 1。猜想以德国数学家洛萨·科拉茨（1910—1990）命名，他在 1937 年提出这个猜想。尽管如此，这个猜想还有过其他名字，包括乌拉姆猜想（以波兰数学家斯塔尼斯拉夫·乌拉姆命名）和角谷猜想（以日本数学家角谷静夫命名）；有时也简称为 3n+1 猜想，恰如其分。

我最初看到 3n+1 猜想时，年幼无知，欣赏不来它的困难和深奥。我觉得用不了几天我就能指出什么样的数最终能变到 1。事实上，我能证明这个猜想是对的，所有数最终都能变到 1。关于这个，我甚至能找到每个数的步数（例如，对于 15，要走 17 步）。我仅仅惊讶于以前怎么没人能做出来。

或者，我再想想……

大概这就是大家认为它是"开放问题"的缘故吧。

对这个结果，我即使没成功也没气馁。我又找到了好多很难的问题，它们引人深思。事实上，我更喜欢解之不得或者解之不易的问题，胜过不假思索瞬间挥就的。当然，也不是说我的乐趣就在于解不出题——披荆斩棘解出难题无疑更有乐趣。

不过，还是回到我们的猜想上来吧。看看我们遇到了什么：一个只用到加减乘除基本运算的数学题——但是世界上没有人解得出来！

这哪能啊？有人觉得简简单单提出的问题，解答也简简单单。哦，那可不是！简单的问题并非永远有简单的答案。数学里有不少问题童子能懂而智者难解。

对于科拉茨猜想，我们拿许多数验证之后，有个现象浮现出来，这个过程的最末几个数基本上一直是 2 的降幂。例如，从 15 开始，序列中最末的 5 个数是 16，8，4，2，最后是 1。

我们把这个现象描述为规则，我们可以提出：如果达到了 2^n，后续就是除以 2，n 次，一直到 1。这暗示 $3n+1$ 猜想有个变体：无论从什么数开始，都要跑到 2 的幂上去吗？

用另一个问题来替代给定问题的做法叫作约简，这是数学上一个有用的工具，而且无疑是解决数学问题更自然的办法。另一个类似的解题策略是"逆推"（从尾向头），你们要是玩迷宫的话就很熟悉了。在迷宫中寻路，有时从迷宫出口往入口找更有效。

匈牙利数学家保罗·厄多斯（1913—1996）乐于给解决了他感兴趣的数学开放问题的人提供奖金。奖金从 25 美元起，在他的名单上，科拉茨猜想值 500 美元——金额丰厚意味着它属于很"贵"的那类问题。即使厄多斯本人也说过，数学界对 $3n+1$ 猜想——这么又难又绕的问题还无能为力。厄多斯已经过世了，但是别担心，他的同事罗恩·格雷厄姆接下了付款的任务。要是你解决了这个问题，会有两种方式拿到这笔钱：要么是厄多斯本人生前签名的支票（只能装裱起来看了，已经过付款日期了），要么是能取现的支票（你就在骄傲之罪与贪婪之罪间纠结一下吧）。

（另外提一个我挺喜欢的事实：在数学证明中，曾经用过的最大的数就是以这位罗恩·格雷厄姆命名的。那个数太大了，没法用常规的数学符号写下来。）

知之为知之，不知为不知，是知也。

——出自《论语·为政》

厄多斯数

保罗·厄多斯是个异常高产的数学家。（有本关于他的传记很棒，叫

《一心爱数的人》，作者保罗·霍夫曼。）厄多斯写了1400多篇学术论文。他乐于合作，共有511位以上的数学家和他合作写论文。和厄多斯本人合作的数学家荣获"厄多斯1"的美称。跟"厄多斯1"合作过但没跟厄多斯本人合作过的，称为"厄多斯2"。"厄多斯3、4"等称号都是这样同理类推，规则是，如果你跟厄多斯数最少为k的人合作过，你的厄多斯数就是$k+1$。厄多斯本人就是独一无二的"厄多斯0"。沿着这个谱系到另一端，没跟厄多斯也没跟有限厄多斯数的人合作过的人，就称为"厄多斯无穷"（厄多斯∞）。"厄多斯无穷"听起来唬人——可能比"厄多斯7"还强，但是你们有不少人会惊讶地发现，你们（跟其他人一样）都顶着"厄多斯∞"的称号呢。至于我自己，没写过论文，但是曾经与一位"厄多斯3"数学家合作过一篇。因此，毫不自负地说，我骄傲我是"厄多斯4"。

　　这把我引到了一个流行的游戏，叫作"凯文·培根的六度空间"。凯文·培根，一位有名的好莱坞演员，曾经声称：在好莱坞，任意选择一个演员，要么是与他共事过（培根1），要么与他的同事共事过（培根2），或者与同事的共事者……（培根3、4）他声称，几乎好莱坞的所有男女演员的"培根数"都不超过6，例如猫王是"培根2"。我把他俩的连接关系留给你去找[1]。世界真是很小，因为竟有人既有厄多斯数又有培根数。例如罗恩·格雷厄姆就是"厄多斯1"和"培根2"。著名演员娜塔莉·波特曼是"厄多斯5"和"培根1"。（你是不是惊到了？）

　　现在我们回到解决科拉茨猜想上来。嗯，还没有解决。事实上我知道许多赚到500美元的办法，比傻乎乎围着科拉茨猜想打转容易多了。但是谁能说你该怎么做呢？

棋盘谜题

　　我深思熟虑过要不要讲以下谜题。它实在简单得很。尽管如此，我纠结了一会，还是决定讲了，因为它很有名，题目和解答都很吸引人。

我们看看 8×8 的格子。

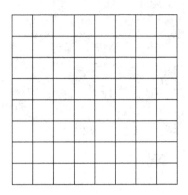

很显然，它可以被 32 块 1×2 的骨牌覆盖。现在我们把两个对角各移掉一个格子。

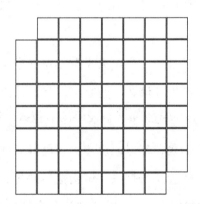

它还可以用 31 块骨牌覆盖吗？

我的多数朋友看到这道题（他们都不是数学家，但是大部分是聪明人）确信答案是"可以"——只需要想想怎么摆出来。

但正确答案是"不可以"。无论你怎么做，都不可能用 31 块骨牌覆盖缺失两角的网格。

如果我们把全白网格变成棋盘，原因立刻显现。

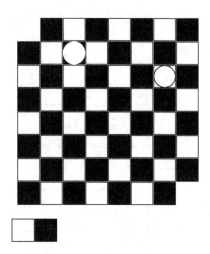

如你所见，每块骨牌可以覆盖一个黑格和一个白格；因此31块骨牌确切覆盖到的是31个白格和31个黑格。既然去掉的两格颜色相同——都是白的，我们的棋盘就剩下30个白格和32个黑格。因此，不可能用31块骨牌覆盖。

许多年前，我是特拉维夫－雅法大学数学系的学生，教一门"面向青少年的科学课"，叫作"悖论、谜题与数字"。我给选课的小小"学者"们出了上述谜题，结果发生了奇怪的事，许多学生拒绝接受缺角网格不能用31块骨牌覆盖的证明。有趣的是，这里面也包括对解释表面上完全理解的学生；尽管如此，他们坚持把骨牌摆来摆去，试图覆盖缺角的棋盘。我并没有尝试把他们从无望的工作中拉回来——一个人必须从自己的错误中学习。

历史告诉我们，人与国家在穷尽了其他所有选项之后才能走上正轨。

——阿巴·埃班

动动脑筋

证明：如果从棋盘中去掉任意两个不同颜色的格子，棋盘就一定能用31块骨牌覆盖。

无穷的井字格游戏

当我在出生之地——立陶宛的维尔纽斯上小学时，一大"成就"就是在课堂上玩写写画画的游戏技能高超，从未被老师捉到过。我最喜欢的是井字格游戏的无穷版。这个游戏帮我熬过了不得不上的无聊的课，而且不止一次。

我来解释一下游戏规则。

毫无疑问，你熟悉常规的 3×3 井字格游戏。这是一款适合 6 岁以下儿童的游戏。年纪再大点的孩子总会以平局结束战斗，除非一个玩家在游戏中途睡着了。（很有可能哟，这游戏实在是枯燥。）

在无穷版里，游戏是在无穷格子上玩的，目标是连成 5 个 × 或者 5 个○。跟原版相似，可以横着、竖着或是斜着相连。玩家交替画 × 或○，率先将 5 个连成一线的就算赢了。

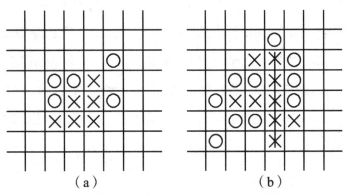

（a）　　　　　　　　（b）

（a）○玩家没法阻挡 X 玩家的双"活"3，就要输了

（b）在此示例中，X 玩家赢了

当我在小学"发现"这个游戏时，我觉得它是我发明的，但是后来我发现不是，有个叫"五子棋"的游戏与无穷的井字格游戏很相似。

你可能听说过围棋这个游戏[2]。然而，尽管五子棋游戏经常跟有名的围棋在一模一样的棋盘上进行，两者之间却毫无联系。围棋是一种中国古代就有的游戏，甚至孔子在《论语》里也提及过。

我从上课时大玩特玩游戏中积累了不少经验，休息时间也积累一些。（休息时间允许玩，所以就不好玩了。）尽管如此，我也无法说出无论如何先手（×）是不是有必胜的策略；或者两人都用最佳策略，则为平局。（或者更确切地说，谁都没法终结游戏了。）直觉告诉我有些策略能让开局者必胜。

坦率地说，我必须承认这个游戏已经是我几十年前玩的了。不过我对必胜策略依然好奇。我甚至愿意打赌确确实实有什么必胜策略。等我老了闲了我就要去找找，但既然是很远的未来的事，也欢迎你先去试试看，我就不用费劲了。

僧人与谜题 [3]——一段路程两头看

旭日初升，晨曦初露，山坡陡峭，山风呼啸，一位老僧开始向山顶的寺院攀登。老僧走的是唯一的道路，狭窄而崎岖，非常费力。他走走歇歇，吟诗诵经，吃粮饮水，到达山顶恰是日落时分。老僧在寺院授业几天，教年轻僧人怜悯、四谛、空性、自省、轮回、苦难、因缘、平静、八正道、禁欲。

授业已毕，老僧下山回乡。他从太阳升起时踏上来时路。当然下山要比上山快。到山脚下时，老僧觉得一天中一定有某个时刻，他上山和下山时经过了同一个点。

动动脑筋

老僧是怎样察觉的呢？如果你在 10 秒之内答不出来，就给你个明显的提示：

> 两僧相向而行，一上山，一下山，必然相遇。

网球中的数学——无穷是多少

版本 1

1953 年，英国数学家约翰·李特尔伍德（1885—1977）提出如下悖论，如今称为罗斯—李特尔伍德悖论。

无穷个网球在一个大空屋的入口排成一行，编号 1，2，3，4，…。快到午夜了，现在是差 30 秒零点。将 1 号和 2 号球放进来，然后立刻把 1 号球弹出去。差 15 秒零点，将 3 号和 4 号球放进来，2 号球出去。差 7.5 秒零点，5 号和 6 号球进来，3 号球出去，如此这般。（用"数学语言"来说，在差 $\left(\dfrac{1}{2}\right)^n$ 分钟零点，$2n-1$ 号和 $2n$ 号球进来，n 号球出去。）

问题：零点时屋里有多少球？

研究这个问题的人给出的两个答案都有可能：无穷与无。这怎么可能？我们检查一下每个答案蕴含的逻辑。

无穷：最终有无穷个球是因为在这无穷回合里，每回合都进来一个球（二进一出）。数学家这么说的：对任意 n，都能找到一个确切的时间，屋里有 $n+1$ 个球。因此，零点有无穷个球。

无：零点时没有球是因为对每个球都可以给出它出去的确切时间。1 号球出去的时间是差半分钟零点，2 号球是差 1/4 分钟零点，如此这般。用更为数学的语言来说，n 号球确切地在差 1/2 的 n 次幂分钟到零点时被弹出了屋。

做个民意调查，你投哪一方？

这里我们要认识到一件很重要的事，或许现在你很难理解，既然时间可以折半，午夜之前就有无数个时间点。

我会选第一个为"正确"答案，我小心翼翼地说一句，选第二个的人没有脱离有限思维的框架。他们想要知道"最终"哪个球留在屋里，这个想法与自然数"最终"是哪个数的想法别无二致：1，2，3，4，5，6，7，8，9，…，12367，12368，…。

我们都知道自然数集合中的元素是无穷的，没人能说出"最终"是哪个数，仅仅因为根本没有最终。

有趣的是，圣奥古斯丁（354—430）相信上帝看到且知道自然数的无穷性和所有属性，然后把它们转化为有限集合（当然，这是圣奥古斯丁的观点）。

还有两个罗斯－李特尔伍德悖论的变体。

版本 2

我们又把编号为 1，2，3，4，…的无穷个网球在一个大空屋的入口排成一行。差半分钟零点，1，2，3，4，5，6，7，8，9 和 10 号球进来，1 号球出去。差 1/4 分钟零点，11，12，13，14，15，16，17，18，19 和 20 号球进来，2 号球出去，如此这般。

当然问题还是一样：零点时屋里有多少球？

这里我们十进一出。也就是说，每回合净入 9 个球。因为重复无穷次，似乎这是绝对清清楚楚的事：零点时屋里有无穷个球。

动动脑筋

你能告诉我哪个球在屋里吗？我是说球的编号。

版本 3

还是编号为 1，2，3，4，…的无穷个网球在一个大空屋的入口排成一行。差半分钟零点，1 号和 2 号球进来，2 号球出去。差 1/4 分钟零点，3 号和 4 号球进来，4 号球出去。以此类推。问题还是一样：零点时屋里有多少球？

有没有感觉思路瞬间全部清晰了？

因为我们扔出了全部编号为偶数的球，在午夜，屋里是无穷个奇数号球。所以占据屋子的就是它们：1，3，5，7，9，11，13，15，…号球。

当然，奇数有无穷多个，它们全在屋里。偶数也构成了一个无穷大的集合，不过它们全在外面。

再动动脑筋

奇数集与偶数集比全体自然数集合要小吗？（自然数包括正整数和零。）

起初，你可能断定就是这样。因为对于奇数集来说，它只有自然数集（有奇有偶）的一半嘛。

但是，我们从这个角度看看：每个偶数都可以与自然数配对。

1 2 3 4 …

2 4 6 8 …

现在我们能欣赏到这个难以置信的说法之妙：尽管偶数集（与自然数集相比）跳一数取一数，两个集合的元素数量相同。我们说它们有相同的基。后文我们还会再讨论基这个概念。

这件事的本质引出一个更深奥的问题：无穷个数的集合真能互相比大小吗？"更大""更小""更多""更少"这种词儿在讨论无穷时有意义吗？

请看后文！

无穷的概念既复杂又深奥，甚至有的时候令人难以置信。这里有必要提一提伽利略的格言：

研究无穷，难上加难，因为我们试图用有限的思想去讨论无穷，把有限中的属性安到上面；但是……大错特错，我们不能说某个无穷大于、小于或等于另一个无穷。

——伽利略·伽利雷

虽然我敬爱和欣赏伽利略，但我并不灰心。在本书后面的章节中，我们要对无穷做文章，尽管我们本身是可怜不幸又有限的生物。如帕斯卡所言：

人只是一根苇草，世间至弱，却是有思想的苇草。

——布莱士·帕斯卡

再玩一遍弹网球

如果（所有版本的）弹网球都没让你信服午夜时屋里有无穷多球，我要拿出大法宝，给出最后版本：假设这些球没有编号，全是普通的白球。

球不编号，而且都是那么多。

现在就清清楚楚了。如果每回合球数净增，那么零点时就有无穷个球。

现在我们可以回答这个问题：屋里有哪些球？

屋里有无穷个……白球！ [4]

与之前的版本相比，最终版本视角独特，没有指出哪个特定的球弹出去了。当球被编上了号，我们就有制定规则的权利。但是现在，所有的球一模一样，我们不得不弹出一个随机球。

愚人节（闭门防骗的逻辑）

著名逻辑学家、数学家、魔术师雷蒙德·斯穆里安（1919—2017）讲过他初次遇到"逻辑"这个概念的情形。那是某年 4 月 1 日愚人节，那时雷蒙德还是个小男孩，前一晚，这位未来逻辑学家的哥哥说第二天要捉弄他一下，他认为雷蒙德无论如何都防备不了。

雷蒙德严阵以待，想方设法不让哥哥得逞。思考之后，小雷蒙德决定避免愚人节被捉弄的最佳办法是闭门蜗居一整天。

这个办法不是挺聪明的吗？

雷蒙德进了他的房间，关门独坐，寂寞难耐。时间一小时又一小时地过去了……直到午夜，他才骄傲地出来，吹嘘他没有上当，哥哥输了。哥哥回答：“你错啦！你上当了！你认为我捉弄你，其实我没有捉弄你，所以我还是捉弄了你！哈！”

雷蒙德·斯穆里安至死都没能确定哥哥是否真的捉弄了他。这件事你怎么看？

巧克力与毒药

这个游戏很简单，它也叫“大吃特吃”。（下图这个形状的巧克力板来自美国数学家大卫·盖尔。“大吃特吃”这个名字来自马丁·加德纳。）它在棋盘上以如下规则进行。

开局者在一个格子里标 ×。

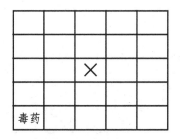

此后，以这个格子为起点向右向上（直到边缘）在格子上标 ×，直到全变成 ×。最初的 × 标为粗体。

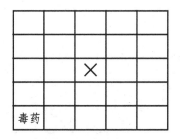

现在，另一玩家在剩下的某个空格子里标○。此后，以这个格子为起点向右向上的格子里也全标上○。最初的○标为粗体。

		×	×	×
		×	×	×
		✗	×	×
			○	○
毒药			**○**	○

开局者再标 1 个 ×，另一玩家再标 1 个○，直到迫使一方选择毒药——该方就死掉了（当然这是个比喻）。

警告：这个游戏会让人上瘾！

欢迎你试试在 7×4（7 行 4 列或行列反过来）的棋盘上玩玩。

如果是在行列数相等的棋盘上，有个策略可使开局者必胜，你能发现吗？花 3 分钟试试看。

答案

开局者必须选择毒药右上方的格子来标记：

	×	×	×	×
	×	×	×	×
	×	×	×	×
	✗	×	×	×
毒药				

从这开始，开局者得与对手的每一步对称着来：

○	×	×	×	×
○*	×	×	×	×
	×	×	×	×
	✗	×	×	×
毒药			**✗†**	×

*对手的第一步标记

†开局者的回应

现在你就知道该怎么赢了吧?

在行列数不同的棋盘上,情况就更复杂了,但是我们能证明开局者有必胜的策略。可惜这个证明并没有提出什么特定的策略。数学家称这种证明为"非构造性的存在性证明"。

我们做个练习来结束这一讲:

当棋盘为 $2 \times N$(2 行,N 列)的长方形时,找到开局者的必胜策略。

提示:为了形成对称局面,我们得使得棋盘上只剩毒药格子,或者毒药上方留一格,右方留一格。现在,解决这个问题(我希望如此)之后,对两行无穷列的情形你觉得如何呢? 谁会赢? 无穷之中,不拘常理!

第一讲

美丽数世界——毕达哥拉斯

斯人斯事

我第一次听说毕达哥拉斯的大名，是在小学四年级的数学社团，那个社团里的孩子都喜好花时间在形形色色的几何图形和古古怪怪的数字谜题之中学习和嬉戏。我喜欢读这个名字时音节在舌尖弹跳而出：毕—达—哥—拉—斯。电光石火之间，我猛然惊醒这不凡之名必配不凡之人。千真万确！许许多多人认为毕达哥拉斯（公元前约 570—公元前约 495）是苏格拉底之前最有魅力的哲学家。"历史之父"希罗多德（公元前约 484—公元前约 425）已然指出毕达哥拉斯是古希腊最伟大的哲学家之一。甚至连骄横傲世的赫拉克利特（公元前约 535—公元前约 475），虽然坚称世人皆愚（他独聪），也承认毕达哥拉斯的学识在他之上。

毕达哥拉斯的生平已难考，主要是因为关于他的种种传闻都是写于其死后多年。毕达哥拉斯本人即使写过也不多。然而，《名哲言行录》的作者第欧根尼·拉尔修[1]提到了毕达哥拉斯的 3 本著作：《论教育》《论国家》《论自然》。但是孤证不立，许多历史学家断言这些并非毕达哥拉斯的著作。

顺便说一下，还有许多圣贤是不动笔写作的，比如苏格拉底。柏拉图为苏格拉底写了对话录，可惜没人为毕达哥拉斯记言。

我特别欣赏毕达哥拉斯的两本传记，一本的作者是新柏拉图派哲学家、数学家波菲利（约 234—约 305），另一本的就是第欧根尼·拉尔修。这两本传记天马行空、充满矛盾，尤其引人入胜，令人遐想。

毕达哥拉斯身负许多传说。有人坚信他是太阳神阿波罗之子，有记载他在同一时刻现身于四个不同的地方。（但是，第欧根尼在描述毕达哥拉斯生平的结尾时爆料说，其实有四个人都叫毕达哥拉斯，那么同一时刻能在四个不同的地方观察到"毕达哥拉斯"就不足为奇了。）有人发誓说毕达哥拉斯身高两米五。有人声称毕达哥拉斯拳法精湛从无败绩。拳赛前后，他弹起里拉琴，吟唱荷马与赫西俄德的诗句以娱情，甚至有人声称毕达哥拉斯的咏唱可以治病疗伤。请注意，波菲利与第欧根尼都详细记述过同一轶事：有一天，毕达哥拉斯沿河漫步，河水也欢呼致意："您好，毕达哥拉斯……"

现在，我们关注毕达哥拉斯是多么"谦逊"。

> 有神，有人，有毕达哥拉斯。
>
> ——毕达哥拉斯[2]

据第欧根尼·拉尔修（假定我们相信他）所言，毕达哥拉斯对于给他的神秘形象添砖加瓦不遗余力。比如：他乐于回顾自己的"生生世世"，瞬间就能回忆得纤毫毕现；他回顾自己身为戟兵参加特洛伊战争。他也有许多不那么戏剧性的回忆，比如他曾经是一个成功的商人，一个国王的朝臣，一只动物，甚至是一片树叶。毕达哥拉斯是怎样知晓这一切的呢？据毕达哥拉斯所言，原来他曾遇到希腊神使赫尔墨斯，神使大为感动，允诺他除了不朽以外要什么礼物都可以。毕达哥拉斯要了生生世世永志不忘的能力。神使如他所愿！

神论哲学家、诗人色诺芬（公元前约570—公元前约475）曾讲过，毕达哥拉斯见人打狗，大力劝止——因为友人刚刚去世，灵魂寄于狗中。（希望那人乖乖听从了，因为传说中毕达哥拉斯可是个厉害的拳手。）

毕达哥拉斯乐于戏谑。他曾经消失了好长一段时间，再次现身城中时瘦骨嶙峋。他逢人便说自己去了死人国度，但他的故事里不但有他在死人国里的见闻，也有他不在时现实世界发生的真事。那他是怎么知道的？答案很简单：

他藏身在老母亲家里啦，还极度减肥。老母亲告诉他时事新闻，他再对死人国的事信口开河——当然，说什么都可以，谁又会刨根问底呢？

虽然有以上种种传说，但是关于毕达哥拉斯，仍然有些事实无可争辩。

公元前570年左右，毕达哥拉斯生于萨摩斯岛。在40岁那年，他去往意大利南部的克罗顿，建立了毕达哥拉斯学派。该学派的结构分成政治、学术、宗教3支，传说信众最多达到300人。

后世的一些传记夸大了毕达哥拉斯在克罗顿的影响。这些故事里说毕达哥拉斯引导市民远离堕落，把他们转化得清心寡欲、亲如兄弟、求知、乐道。毕达哥拉斯雄辩滔滔，为人敬仰，但是他经常垂帘演讲，无人能睹其颜。（这更增加了他的神秘感，我准备对我的学生也这样做。）

毕达哥拉斯前往克罗顿之前，还曾为寻求基础知识而游学。他曾游历埃及、腓尼基（大致位于今天的叙利亚和黎巴嫩境内）、波斯帝国（今巴勒斯坦与以色列以及巴比伦）等地。埃及人教几何，腓尼基人传算术，迦勒底人授天文，此外马加人——也就是琐罗亚斯德人，传授他宗教奥义与养生秘诀。他甚至旅行到印度。但是，他曾拜见了什么样的哲人，探得怎样的智慧之骊珠，这一切仍是谜团。

毕达哥拉斯之死也有许多版本，大多数相当离奇。我告诉你一个最平凡的版本吧：毕达哥拉斯在90岁寿终正寝。

音律与数字

毕达哥拉斯与门徒探索宇宙法则的同时也研究音乐。你一定回想起来了，毕达哥拉斯爱好弹里拉琴，咏唱荷马和赫西俄德的诗歌（古希腊名著）。毕达哥拉斯相信音乐能动人心魄，升华感情（如果不信，请阅读列夫·托尔斯泰的《克鲁采奏鸣曲》）。毕达哥拉斯学派受毕达哥拉斯发现音律与数字的关系影响很深，这点我们都很清楚了。音律基于数字表现在方方面面，例如，毕达哥拉斯发现若两根琴弦的音高恰好差一个8度（比如C到Ċ），那么这两根琴弦的弦长之比是 1：2；若两根弦的音高差 5 度（比如 C 到 G），则弦长之比是 2：3；若弦的音高差 4 度（C 到 F），则弦长之比是 3：4。

　　音乐愉悦人心，妙在历历可数又不知其可数。

——戈特弗里德·莱布尼茨

　　毕达哥拉斯发现音乐可以用数字来表达，这对于他得出惊人的理论是重要的一步。他的理论是，世界完完全全建立在数字之上，无论以什么形式。事实上，亚里士多德在他的著作《形而上学》中指出：毕达哥拉斯是研究数学并认为数学理论是万物之理的第一人。

　　什么科学理论能保证科学理论的存在性呢？

——马丁·加德纳

　　数学也是视觉艺术之源。望远镜是基于几何和比例的：呈现在二维表面上物体的尺寸随与观察者距离的增大按比例缩小，而构图又是基于几何形状的。

　　几何学是万图之源。

——阿尔布雷特·丢勒

　　更进一步，毕达哥拉斯还用几何语言定义好坏正误。例如，对于"好"和"坏"，他用的术语是"直"和"曲"（当然是用的希腊文）。我们至今仍用"为官不正直"来指受贿。（译者注：原文是"弯曲的政治家"。但是中文里的"曲意逢迎"之类多是指下对上，行为主体是行贿方，这里的受贿方就不说"曲"而说"不正直"了。）直线是恰当的，曲线是不当的。遵循他的思路我们就能理解"正直之人"的说法了。（虽说一个人的姿态与品德没有什么联系。）

良缘之始——亲和数

亚里士多德曾经说过挚友是异体同心。但是毕达哥拉斯又是怎样定义友情的呢？请看下文，会有惊喜。

新柏拉图主义的学者伊安布利霍斯（约245—约325）也曾为毕达哥拉斯作传。据他描述，毕达哥拉斯学派用数字284和220来定义友情。

什么意思？！什么缘故？！

请把220的因数（能整除220的数）全加起来，再把284的因数全加起来，就能明白原因了。（这里说的因数不包括数字自身。）

220的因数是1、2、4、5、10、11、20、22、44、55和110，它们的和是284。

284的因数是1、2、4、71和142，它们的和是220！

根据毕达哥拉斯学派的理论，一对数字，如果其中一个的因数之和正好是另一个，就说它们犹如良缘一样。在数学上，我们称之为一对"亲和数"。

我们可以在计算机的协助下判断亲和数。除了（220与284）以外，亲和数还有（1184与1210）、（2620与2924）、（5020与5564）和（6232与6368）。10000以内的亲和数就只有这5对。如果你很无聊的话，就试试验证它们是否是亲和数吧。换言之，把每个数的因数（不包括它本身）全加起来，看看是否等于另一个。

乐意的话，你还可以做点更有挑战性的事——找找其他亲和数。这时你大概要用到计算机了，但是别忘了，在1636年法国数学狂人皮埃尔·费马发现了17296与18416是一对亲和数，两年过后，鼎鼎大名的法国哲学家、数学家勒内·笛卡儿发现了亲和数（9363584与9437056）。

笛卡儿，无穷与上帝

笛卡儿被"无穷"这个概念深深触动，在他的著作《第一哲学沉思集》里，他甚至以无穷的概念"证明"了上帝的存在。他的证明如下。

我身为有涯之生，不能造无穷之概念。唯有无穷之神，能容无穷之思。故而唯上帝能造无穷之概念。我可以领会无穷之神意，而上帝又是神意的唯一创造者——因此证明了上帝存在！

在 17 世纪可没有计算机，更不用说互联网和社交网络了。如此说来，费马和笛卡儿的成就更惊人了。他们是怎样发现这些大亲和数的呢？请看下文。

有些研究数学史的学者说笛卡儿提出的那对亲和数并非是他自己找出来的，而是来自 16 世纪的伊朗数学家穆罕默德·巴基尔·雅兹迪！众所周知，阿拉伯数学家在西方数学家提出之前就已经熟知许多亲和数了。

事实上，上溯到 9 世纪，伊拉克数学家、天文学家、物理学家塔比·伊本·库拉 [3]（826—901）就给出了形成亲和数的充分条件 [4]。数百年后，笛卡儿与费马挖出了这个公式并当作自己的"发现"。

有意思的是，第二小的亲和数对（1184 和 1210）直到 1866 年才被发现。发现者是意大利少年 B. 尼科洛·帕格尼尼（这里说的并不是那位大名鼎鼎的小提琴家和作曲家）！毕达哥拉斯以后的数学家怎么都错过了这对可爱的数呢，谁也不知道。原因之一可能是塔比·伊本·库拉的条件对这对并不适用。另一个可能的原因是"无心插柳柳成荫"。

到 2007 年，人们已经发现了近 12000000 对亲和数。无论如何，我们是生活在一个亲和的世界里哦。

数有雌雄

对于数字的其他特征，毕达哥拉斯确信数有雌雄之分。例如，奇数可以看作雌数，偶数则为雄数。请注意，迄今发现的几乎所有亲和数都是雄数（偶数）。

显然这引出一个疑问：有雌的亲和数吗？其实是有的。这有一些例子：（11285 与 14595）、（67095 与 71145）和（522405 与 525915）。

这又引出一个疑问："雌""雄"数之间能有"情谊"吗？换言之，一个奇数与一个偶数的因数之和等于对方，这可能吗？

到这本书的时候，这个问题无人能答。一方面，没人发现过这样的数对；另一方面，也没人证明不可能有这样的数对。

这里我暂且先不讨论毕达哥拉斯（本章里还会回到有关他的话题），因为我从数字的"情谊"想到了关于数字的一些其他拟人属性，想讲一些有趣的内容。

水仙花数（水仙花在西方比喻自恋之人）

我与自己很难共通。

——弗兰兹·卡夫卡

我确信有些人是和自己相得无间的。我们不妨用毕达哥拉斯的思路看看，数字中有没有这样的情况：某个数，它的真因数[5]之和等于它本身？

有这个属性的数叫作"完全数"。6 和 28 这两个完全数立刻浮现在我的脑海（嗯，当然也略加思索）。我稍停片刻，让我聪明的读者们可以确认 6 和 28 的的确确是完全数。

答：$1 + 2 + 3 = 6$，$1 + 2 + 4 + 7 + 14 = 28$

　　关于数字6，希波的圣奥古斯丁（354—430）在他的著作《上帝之城》里写道："6是个完全数。并非因为上帝需要用6天才使得万物完美无缺；而是因为6完美无缺，上帝才在6天内造物。"

　　28之后的完全数是496，然后是8128。俄国作家列夫·托尔斯泰喜欢自夸他出生在"近似完美"的1828年。假如他生在6月28日，那他就更得自鸣得意了（更不用说6.28还近似2π）。

　　你可能注意到这个趋势了：6，28，496，8128，…，喜欢提出假设的人会冒险预言：完全数的尾数在6与8之间交替。

　　但是，这个假设不成立。第五个完全数是33550336，符合这个模式；然而，第六个完全数8589869056的结尾依然是6，打破了这个模式。或许我们可以把假设稍加修改，变成完全数结尾是6或者8。

　　我们观察前9个完全数：

6

28

496

8128

33550336

8589869056

137438691328

2305843008139952128

2658455991569831744654692615953842176

最后一个有37位。（是的，它的因数之和等于它本身！）

　　第10个完全数有54位；第11个有65位，尾数是8128，恰好就是第四个完全数。另外，人们还找到了有一百万位的完全数。你可以自己任意提一些假设。

学有余力的学生的进一步思考

求证所有偶完全数的尾数都是 6 或者 8。看看下面的内容会对你有帮助。

$$6 = 1 + 2 + 3$$
$$28 = 1 + 2 + 3 + 4 + 5 + 6 + 7 = 1^3 + 3^3$$
$$496 = 1 + 2 + 3 + 4 + \cdots + 31 = 1^3 + 3^3 + 5^3 + 7^3$$
$$8128 = 1 + 2 + 3 + 4 + \cdots + 127 = 1^3 + 3^3 + 5^3 + \cdots + 15^3$$

法国数学家爱德华·卢卡斯（1842—1891）甚至证明了偶完全数的尾数一定是 16、28、36、56、76 或 96，他是怎么做到的？这可不容易！

到此，我们见过的完全数只有偶数，自然会发问：有没有完全数是奇数？

19 世纪末，英国数学家詹姆斯·西尔维斯特写道：奇完全数的发现一定是个奇迹。时至今日，大多数数学家倾向于相信答案为"无"。尽管如此，无人能证。这也是个"开放式问题"，解答出它将是你扬名立万的机会！

还有个有趣的未解之谜是，完全数是不是有无穷个？无论我们沿着自然数跑多远，是否总有更大的完全数？或者，有个最大的完全数？

这个问题也是开放的，而且肯定与后文所述的梅森数相关。

数有多重？肥数、瘦数、完美数

身处减肥时代，我们可以把自然数分成 3 类——完美的完全数、"肥"数和"瘦"数。"肥"数的因数之和大于它本身，"瘦"数的因数之和（我想你能猜到……）小于它本身。例如，12 是个胖乎乎的数，因为它的因数（1，2，3，4 和 6）之和是 16；反之，10 就很苗条，因为 1 + 2 + 5 = 8。

那么雌数怎么样？也就是说，奇数呢？它们也会肥胖吗？有没有因数之和大于它本身的奇数？如果我们稍加试验，就会发现奇数的因数之和全都小于它本身。（请拿几个数试试看。）如果你尝试的数都不超过 900，或许你就会相信奇数全都不肥。可是，别上当呀！

用有限个数来检查，无论有多少个，都不能排除例外。事实上，奇数还真有肥的，945 的因数之和是 975。这样，我们就发现了最小的肥奇数 945。虽然如此，肥奇数还是挺少见的。

在本书的后文里，我们还会回到完全数的话题。

有趣人与无趣人，无趣数与有趣数

通常的"终极名单"往往以悖论告终：定义的存在性与定义内容本身相斥。这是什么意思呢？

假设我们要准备两份名单：一份的内容是世界上全部的有趣人的名字，按照人们对他们的兴趣排序；其他人都在另一份名单上，按照从世上最无趣到"一般"无趣来排序。

以下是位于两份名单前列的人：

有趣人：毕达哥拉斯、达·芬奇、克里奥佩特拉、莫扎特、爱因斯坦、玛丽莲·梦露、苏格拉底、梅萨利纳、拜伦、拿破仑、佛陀、贞德、亚历山大大帝……

无趣人：雷金纳德·冯·哈欠、布伦希尔达·嗜睡、雅各布·催眠、弗拉基米尔·午觉、比尔·无聊、尼尔斯·麻木、伯尼·空谈、凯·昏、哈利·凡、蒂姆·呆……

然而事实并不如此。以雷金纳德·冯·哈欠为例，他在我们的名单上位列世界上最无趣的人第一位，这个事实就挺有趣的。（我的意思是：他是世界之最！）因此我们得把他的名字移到有趣人的名单里，当然他不可能名列前茅，但是他还是要上榜的，或许位置还很令人仰望呢。

现在我们再来看看。既然雷金纳德出榜了，布伦希尔达·嗜睡就成了世上最无趣的人。但是这就让她变得有了点趣味了，意味着她也得被移到第一个名单里去。如果我们继续这样操作，最后就别无选择了，只能说世上没有，从来没有过无趣的人。（我确信你早就发现这番阐述里的谬误了。）

在数学世界里，对于无趣人悖论有个流行的版本：无法在 1000 个单词以内描述的自然数集合。我们注意到词汇的数量是有限的（第十二版牛津英语词典里有 171476 个单词），而我们要求的词数是有限的（1000），所以这种数也是有限的。尽管如此，1000 个词描述不了的自然数里有个最小的数。我们把它记作 n，并且定义为"一千字道不尽的最小自然数"。

不好了！我们用 12 个字就（请检查一下）描述了 n，因此 n 就进入了 1000 字可以描述的名单，违反了它自己的定义。

在两个悖论里，n 与雷金纳德·冯·哈欠是相同的情况。两个都是某个特定列表里的成员，但是根据定义又被排除在外。

这两个悖论的圈套在哪儿？数学不能容许悖论，一定得给思路找个解释。但是在这些例子里，一定得注意我们用了非数学的属性——"能描述"，我们却没有给它确切的定义。

由此引出下一个话题。

无趣之数确实存在吗？

确实有趣味超群的数吗？确实有枯燥无趣的数吗？

毕达哥拉斯相信没有所谓无趣之数，每个数都在某些方面有闪光点，每个数都有某些独一无二的属性，隐藏着微妙之美。

事实上，毕达哥拉斯非常重视数字，他想不仅从数学上理解它们，还要了解它们的美妙和神秘之处。什么是数字的特殊和迷人属性呢？我猜关乎个人爱好。完全数是"迷人"的属性吗？在我看来，是啊。我还觉得亲和数也挺有意思——这对数知道怎样做朋友。如果你愿意，可以在万物中发现美。正如古人云，美藏在观察者眼中。

举个例子，我们观察一下 64。64 是 8 的平方（$8^2 = 64$）这件事倒不算特殊，好多数都是平方数。但是 64 也可以写成：$64 = 2^6 = 4^3$

现在我们再看个更有趣的属性。事实上（这个事实很容易验证），64 是

（除了 1 以外）第一个不仅是平方数（也就是某个数的 2 次幂），也是 3 次幂，还是 6 次幂的数。

好了，我们可以说 64 是个特殊的数了吗？它还是棋盘的格子数呢，是不是更棒了？还有《易经》里有 64 卦，这是不是让 64 更为出众？我说不好——看你的意思了。你还可以再思考一下 64 的独特之处。

如果我们断言每个数都有有趣的属性，再看看 64 之后紧接着的 65。你可以找到什么特征吗？

当然可以！这是（50 之后）第二个可以表达为两种形式的平方和的数：$65 = 8^2 + 1^2 = 7^2 + 4^2$；并且 $65 = 1^3 + 4^3$。65 是第一个既能写成平方和（两种形式！）又能写成立方和的数。大吃一惊吧！

毕达哥拉斯本人认为最有趣的数是 36。首先，他确信这是男人的最佳年龄。（我不知道他是否曾考虑女人的最佳年龄是多少岁。）

数字 36 在数学上感动了毕达哥拉斯是因为：

$$36 = (1 + 2 + 3)^2 = 1^3 + 2^3 + 3^3$$

我小的时候同意毕达哥拉斯的观点（36 的构成以及最佳年龄），但是如今我有个更乐观的发现，我的新"理想年龄"（男女皆适用）是 100：因为

$$100 = (1 + 2 + 3 + 4)^2 = 1^3 + 2^3 + 3^3 + 4^3$$

上式并非妙手偶得。你大概也猜到了，连续自然数的和的平方等于各个数立方的和：

$$(1 + 2 + \cdots + n)^2 = \left[\frac{n(n+1)}{2}\right]^2 = 1^3 + 2^3 + 3^3 + \cdots + n^3$$

我们已经讨论了一些数字的有趣属性。但是，当然也有些数并没有什么独特之处。然而如果我们把"世上最无趣的人"悖论推广到数字上，没有任何特殊属性的数大概因为这个特征也很"有趣"。

第二讲

拉马努金与毕达哥拉斯之石

知晓无穷的人

小插曲

印度之旅：当哈代遇到拉马努金

斯里尼瓦瑟·拉马努金是个数学天才。他 1887 年生于印度马德拉斯的埃罗德，年纪轻轻就绽放出非凡的数学才华。

然而在他的有生之年，没有人能指导他学习，也没有人能告知他学什么，可以说拉马努金是自学成才。他没经过任何正规训练，就在好几个数学领域取得了前所未有的成就。

他的主要工作集中在数论上。同毕达哥拉斯一样，拉马努金与数字十分亲近。

1913 年，拉马努金把他的一些数学成果（等式）寄给了 3 位有名的英国数学家，但只有高德菲·哈罗德·哈代一人慧眼识得结果背后有高人在。尽管这些结果粗粝如璞，但是中有美玉。第一次世界大战期间，哈代设法把拉马努金带到伦敦，进入剑桥大学。拉马努金遂成为剑桥大学三一学院的首位印度院士。

以下是两个迷倒了哈代的结果（等式）。我在数学系大三那年初见这些等式，立感音乐之美。它们在我心中就是优美的交响乐。这些等式看起来很复杂，实际就是很复杂。你无须理解，甚至无须从数学的角度来看，只须欣赏其中蕴含的数字韵律灿烂之美。

拉马努金第一交响乐

$$1-5 \times \left(\frac{1}{2}\right)^3 + 9 \times \left(\frac{1 \times 3}{2 \times 4}\right)^3 - 13 \times \left(\frac{1 \times 3 \times 5}{2 \times 4 \times 6}\right)^3 + \cdots = \frac{2}{\pi}$$

$$1 + 9 \times \left(\frac{1}{4}\right)^4 + 17 \times \left(\frac{1 \times 5}{4 \times 8}\right)^4 + 25 \times \left(\frac{1 \times 5 \times 9}{4 \times 8 \times 12}\right)^4 + \cdots = \frac{2\sqrt{2}}{\sqrt{\pi}\,\Gamma^2\left(\frac{3}{4}\right)}$$

$$\int_0^\infty \frac{1 + \dfrac{x^2}{(b+1)^2}}{1 + \dfrac{x^2}{a^2}} \times \frac{1 + \dfrac{x^2}{(b+2)^2}}{1 + \dfrac{x^2}{(a+2)^2}} \times \cdots \mathrm{d}x = \frac{\sqrt{\pi}}{2} \times \frac{\Gamma\left(a+\frac{1}{2}\right)\Gamma(b+1)\Gamma(b-a+1)}{\Gamma(a)\Gamma\left(b+\frac{1}{2}\right)\Gamma\left(b-a+\frac{1}{2}\right)}$$

$$\int_0^\infty \frac{\mathrm{d}x}{(1+x^2)(1+r^2x^2)(1+r^4x^2)\cdots} = \frac{\pi}{2(1+r+r^2+r^6+r^{10}+\cdots)}$$

精美绝伦！

对我而言等式并非他物，只是传达了神意。

——拉马努金

当拉马努金的数学等式惊艳入目时，或许我们学究气上涌，想检验一下它们是否正确。

我们先看看第一个等式。

这里我们看到一个无穷级数，之后交叉着加一项减一项。第一项是 1，然后每一项是一个整数和一个分数的乘积。整数部分每项比前一项增加 4，分数部分以奇数序列的乘积为分子，偶数序列的乘积为分母，序列的长度每项比前一项都加 1。拉马努金断言级数不断延展，结果就接近 2 除以 π（圆周与直径之比）！此级数延展到无穷项，结果恰恰就是 2 除以 π。

这个等式是怎么来的？这种等式拉马努金可有几千个呢（更精确地说，差不多是 3900 个）。你或许难以置信，但上面这些等式都是他最简单的作品。

诚实地讲，我必须透露拉马努金的某些等式并非百分之百正确。但是，我坚信伟人的错误比凡人的谨慎更有教益。

哈代与拉马努金

哈代与拉马努金在性格上截然不同。哈代是个无神论者（他视上帝为最大的敌人），在数学上非常严谨死板——他要看每个等式的证明。而拉马努金笃信宗教，在数学上更依赖直觉。他不仅在等式中看到了神的旨意，对灵感的出现也感到很困惑，唯恐自己被别人当作疯子。由此我想到了米洛斯·福尔曼的电影《莫扎特传》里萨列里读到莫扎特的《大组曲》的乐谱，坚信是上帝借莫扎特之手写下的音符。萨列里喋喋不休地抱怨上帝怎么没让他写成这样的巨著。我猜有些人认为人类的才华都是来自上帝。

我想拉马努金最奇怪的等式就是下面这个式子：

$$1+2+3+4+\cdots=-1/12$$

当真？？看起来错得离谱啊！左边无穷项的和一定是无穷，而且无论如何也不可能是负数！但是别误会，拉马努金确实知道他的所作所为也确有其理：他在研究非同凡响的黎曼－欧拉 zeta 函数（这是复变函数，超出本书范围）。拉马努金给哈代的信中写道："在我的理论中，形如 $1+2+3+4+\cdots$ 的序列之和等于 $-1/12$。我跟您说这个就是为了请您立刻指出其中的谬误所在。"

尽管哈代在数学上非常严格（在其他方面他还是很温柔热心的），但也无能为力，反而被这位印度天才的迷人等式深深吸引。

> 拉马努金的式子一定是对的，因为若非如此，没人能够妙手偶得。
>
> ——G.H. 哈代

哈代把拉马努金的作品拿给他日常合作的同事约翰·李特尔伍德看（我们在前文的网球悖论里提到过他）。李特尔伍德也震惊于拉马努金的才华。

他声称，他不知道哪个数学家还能与拉马努金比肩——拉马努金碾压众人。

　　哈代和李特尔伍德数年来的工作领导了英国数学研究的前沿，若论其影响力，我引用一位杰出同事的戏言："现今英国只有3位伟大的数学家——哈代、李特尔伍德和哈代 – 李特尔伍德。"

——哈那德·玻尔[1]

　　哈代是一位成就卓著的数学家。但是保罗·厄多斯（我们之间也提到过他）问哈代他对数学的最大贡献时，哈代回答："发现了拉马努金。"

　　我再补充一点：哈代喜欢给数学家从 0 到 100 量化评级。他给自己 25 级，给同事李特尔伍德 30 级，给伟大的德国数学家大卫·希尔伯特（数学里的"希尔伯特空间"这一支就是以他命名的）85 级。对拉马努金，他给了最高级 100！

关于哈代与数学思想的漫谈

　　我最爱的一本书就是哈代的《一个数学家的自白》。书里讨论了数学的美学，在严谨有条理的思考模式中偶尔允许灵光一现。哈代热爱纯（理论）数学，甚至曾声称他从未为了达到实际的目的用数学做任何事。但是，他大错特错了。例如，研究过群体遗传学的人都很熟悉哈代 – 温伯格定律。哈代也曾认为他挚爱的数论毫无实际用处。如今，数论与编码和解码密切相关。哈代甚至认为相对论没有实际用途。预测什么数学发现可以用于实践，而什么"仅仅"用于锻炼思维，这件事非常难——甚至或许根本不可能。

　　哈代在他的书里用非常迷人的方式解释了他认为的数学里的美丑，我们稍后再议。

拉马努金奖

拉马努金虽然精于数学却不擅养生。1920 年，32 岁的他英年早逝，彼时他刚返回印度不久。

2005 年开始，以他名字命名的 SASTRA 拉马努金奖用于奖励基于他的工作取得成果的人。此奖每年颁发给 32 岁及以下的数学家——32 是拉马努金结束传奇一生的年龄，也是他深爱的数字。

2009 年，德国数学家卡特林·布林格曼获得此奖。最近一届是 2017 年，乌克兰数学家玛丽娜·维亚佐夫斯卡获奖，成果是她在 8 维和 24 维上解决了问题！

我们回到上一讲讨论过的有趣的数字的话题。

出租车牌 1729

有一天，哈代去拉马努金那儿探病。哈代提到他过来时乘的出租车车牌号是 1729，"这数好枯燥啊。"哈代戏谑道。"才不是呢！"拉马努金激动地反驳："1729 最有趣了！你没注意到吗：它是最小的能以两种方式写成立方和的数。第一种是 1 的立方加 12 的立方，第二种是 10 的立方加 9 的立方。"我把它写给你看：

$$1729 = 12^3 + 1^3 = 10^3 + 9^3$$

我给朋友们复述这个故事时，他们都惊讶于拉马努金计算敏捷，能把 1729 写成两种立方和的形式。坦白地说，我更惊讶于拉马努金知道 1729 是有这个属性的数里最小的。他是怎么知道的？我全无头绪！

（当然，我们这里的讨论只限于正数。如果我们可以用负数，就能找到比 1729 更小的数，比如 $91 = 6^3 + (-5)^3 = 4^3 + 3^3$。）

　　每个正整数都是拉马努金的私人朋友。

——约翰·李特尔伍德

　　我想指出 1729 还有其他有趣的属性。我最喜欢的一条来自日本数学家和作家藤原正彦（生于 1943 年）[2]，他指出只有 3 个数符合以下性质（而 1729 是其中之一）：它的数码之和与其翻转过来的数的乘积等于原来的数。

$$1 + 7 + 2 + 9 = 19$$
$$19 \times 91 = 1729$$

动动脑筋

　　请找出另外两个具有这个属性的数。（1 也有这个属性，但是太平凡了，不算。）提示：其中之一是两位数，不难找。第二个数是四位数 [3]。

卡普雷卡发现了 6174 的秘密

　　印度数学家达他特里亚·拉姆钱德拉·卡普雷卡生于 1905 年。他毕业于孟买大学并投身教育事业。他教了几十年的书，但从未学过高等数学。他在幻方等问题上有许多贡献。他发现了关于数字的一些重要属性，有生之年却未被认可。只有近些年对数论的贡献才使他获得欣赏——这份迟来的荣誉就是以他的名字命名一个常数。

卡普雷卡常数

　　1949 年，卡普雷卡发现了按照以下方法操作，序列的极限是 6174：对任意一个四位数（数码不能全同）把数码重新排列得到一个最小的数和最大的数，用大的减去小的。如果结果是 6174，就成功了；如果不是，就重复这个过程，结果总会是 6174。

　　我们就用写本书时的年份来试试吧：2009。用这些数码能构成的最大的数是 9200，最小的是 0029。9200 减去 29 就是 9171。

我们重复这个过程：9711 - 1179 = 8532。

我们继续：8532 - 2358 = 6174。我们达成目标啦：结果是 6174。

用数学语言来说，6174 是"不动点"，也就是说如果把它代入这个过程，就会回到 6174。我们检验一下：7641 - 1467 = 6174。喏，没别的地方可去了，旅程到终点了。

如果我们搞点花样呢？对于有 3 个相同数码的数字怎么样？比如说 1112？我们试试看。

$$2111 - 1112 = 999$$

（因为我们需要处理的是四位数，所以把结果写成 0999。）

$$9990 - 0999 = 8991$$
$$9981 - 1899 = 8082$$
$$8820 - 0288 = 8532$$
$$8532 - 2358 = 6174$$

我们成功了。

如果有好奇的读者，可以试试其他数。

现在，我们有一个好机会来创建自己的精彩数学实验。如果不是四位数，而是三位数，会怎样呢？例如，我们用 169 试试看。

$961 - 169 = 792$（另外，$169 = 13^2$ 并且 $961 = 31^2$。我离题了哦。）
$972 - 279 = 693$
$963 - 369 = 594$
$954 - 459 = 495$

我们到了一个不动点（检查一下！）。莫非我们发现了三位数的卡普雷卡常数？的确如此！如果你是狂热的代数爱好者，不费多少气力就能证明。

我们再看看两位数。这很简单，不是吗？

从我的最爱 17 开始吧。71 – 17 = 54, 54 – 45 = 9, 90 – 9 = 81, 81 – 18 = 63, 63 – 36 = 27, 72 – 27 = 45, 54 – 45 =9，嘿！我们来过这儿啊！怎么回事？事实上，我们来到一个周期点。两位数里没有不动点。

动动脑筋

五位数怎么样？六位数又如何？

卡普雷卡数

卡普雷卡发现了有些数有不同寻常的属性：如果对它做平方，结果可以分成两个数，其和还是原来的数。举一些例子可以看得更清楚：

$9^2=81$	$1 + 8 = 9$
$45^2=2025$	$20 + 25 = 45$
$999^2=998001$	$998 + 001 = 999$
$2728^2=7441984$	$744 + 1984 = 2728$
$818181^2 = 669420148761$	$669420 + 148761 = 818181$

9，45，999，818181，…是卡普雷卡数组合。你可以在自己的计算机上运行一个简单的程序来获取更多这类数。

动动脑筋

证明 9，99，999 和 9999，…是卡普雷卡数。

一个古印度谜题

寻找此序列的下一个数：1，2，4，8，16，23，28，38，49，…

花几分钟思考一下吧。如果你想不出来，答案在本书末尾 [4]。

这个谜题的有趣之处在于：通常来说，伟大的数学家解题时绞尽脑汁是因为思路千回百转，而聪明的小孩子往往直击要害。

卡普雷卡观察到有些数可以用一个小点的数加上它的数码之和来构成，

有些数则不能。例如，我们对 40 可以用 29 处理一下得到（$2 + 9 = 11$，$29 + 11 = 40$）。但是对 20 无论如何也不行（检验一下吧）。

卡普雷卡建立了一个公式，判断一个数是否不能以上述方法构造。我就不夺去你重建这个公式的乐子了。提示一下，找到满足的第一个数，然后看看按规则后续是怎样的。

现在，我们把目光拉回到伟大的主角——毕达哥拉斯身上吧。

沙滩上的毕达哥拉斯

想象一下，你的课堂不是在学校里而是在沙滩上，这很棒吧？毕达哥拉斯正是这么做的。毕达哥拉斯喜欢在沙滩上摆弄石头（代表数字）。

他用各种方式排列石头，由此建立了许多数学公式和概念。

我们来看几个例子。

连续奇数之和

回想起在学校学习的内容，人们准能想到这个规律：从 1 开始前 n 个连续奇数的和，等于 n 的平方。

请看：

$$1 + 3 = 4 = 2^2$$
$$1 + 3 + 5 = 9 = 3^2$$
$$1 + 3 + 5 + 7 = 16 = 4^2$$

如此这般。

在中学里学过比较高等的数学的人可能知道，这个规律可以用所谓的"数学归纳法"来证明。数学归纳法是证明中一个非常迷人的工具，值得称道的是，它可以通过证明有限个元素来推导到无穷个元素时也成立。我要来说明一下归纳法是怎么回事。假设我们想对所有自然数证明下式：

$$1 + 3 + \cdots + (2n-3) + (2n-1) = n^2$$

证明分为两部分。首先，我们做所谓归纳步骤的证明，意思是我们证明在一些前提下它是正确的：如果等式对 n 成立，那么对 $n+1$ 也成立。

第二步，称为基础步骤，我们证明等式对 $n=1$ 成立。

这样就行啦！我们对所有自然数都证明了。

看起来有点可疑啊，那我来解释一下。请把对 n 的证明想象成多米诺骨牌。堆过多米诺骨牌的人都知道多米诺骨牌摆放完，一张牌倒下，会推倒下一张，然后再依次推倒后面的，最终所有牌都倒下。与此类似，我们在归纳法里把所有"命题"排成一列，使得如果我们对任意元素 n 证明出来了，它就会"推导"出 $n+1$ 的情况也成立。但是正如多米诺骨牌，我们得推倒第一张牌来启动这一串动作，也就是归纳法里简单的基础步骤。我们来演示归纳步骤，也就是我们接受以下等式是正确的：

$$1+3+\cdots+(2n-3)+(2n-1)=n^2$$

下面我们证明等式对 $n+1$ 也成立。

等式左边是这样的：

$$1+3+\cdots+[2(n+1)-3]+[2(n+1)-1]=1+3+\cdots+(2n-1)+(2n+1)$$

右边是 $(n+1)^2$。由于我们已经假定了等式对 n 成立，现在我们可以说：

$$1+3+\cdots+(2n-1)+(2n+1)=n^2+(2n+1)=(n+1)^2$$

归纳假设就完成了。现在只需推倒第一块骨牌即可。对于基础步骤 $n=1$，显然命题成立，因为 $1^2=1$。现在骨牌一个接一个倒下了：对 $n=1$ 的断言引出对 $n=2$ 的，然后 $n=2$ 的引出 $n=3$ 的，以此类推。

但是毕达哥拉斯另有妙计。只需把石头适当排列，这个规律显而易见。

1 块石头再加 3 块石头很容易排成 2×2 的正方形：

1 块石头、3 块石头再加 5 块石头得到一个漂亮的 3×3 的正方形：

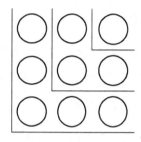

与此类似，再加上下一个奇数 7，可摆出 4×4 的正方形：

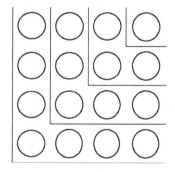

犹太大哲学家巴鲁赫·斯宾诺莎指出了学习知识的 3 种境界：

  1 相信

  2 检验（实验）

  3 理解

我来解释一下。如果你告诉我一件事，譬如一串奇数的和能得出一个平方数，我可能会相信你确实知道你说的东西。这就是学习知识的第一种境界。但是，也有可能你告诉我的是错的。

如果我花点精力来验证一下，也就是用一些例子来证实确实如此——

我就达到了学习知识的第二种境界。这更可信一点，因为我看到它对一些例子起作用了，但是我也不能完全相信。贝诺·阿尔贝尔（1939—2013）教授曾经告诉我一个例子，让我印象深刻：无论怎样不断试验，甚至千遍万遍反反复复，也无法确定某事的对错。请看 $991n^2 + 1$ 这个式子，是否存在 n，使得它是一个完全平方数呢？我们可以尝试许许多多的 n，再多也可以，都显示出这个式子永远成不了完全平方数。但是并非如此，因为当 n=12055735790331359447442238767 时，它确实是一个完全平方数！如果我们能活 10 亿年，并花全部时间来验证，恐怕也找不到这个数。

只有理解事物为何如此，才能达到学习知识的第三种境界，正如把石头摆成正方形——这样才是零错误。

告知会遗忘，教导能铭记，参与才学到。

——本杰明·富兰克林

我喜欢毕达哥拉斯的方法，因为这是学习知识的第三种境界，即我深层次理解了公式正确的原因。我无法对公式检验无穷个例子，但是我深深懂得到底发生了什么，我会理解为何公式是对的。

我曾经在图书馆偶然读到俄罗斯数学家维克托·乌斯宾斯基（1883—1947）的著作《方程论》。他以詹姆斯·乌斯宾斯基的名字在斯坦福大学做研究。乌斯宾斯基对所有公式以毕达哥拉斯的方式做证明，也就是说用图示。

我先讲一个相当简单的例子。

如果我们把 1 到 n 的数字全加起来，结果就是：

$$\frac{n(n+1)}{2}$$

下页图解释了公式在 n=4 时为什么成立。

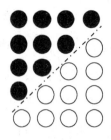

1 到 4 的和等于矩形面积的一半，换言之 $1/2 \times 4 \times 5=10$。

对于 $n=4$ 是很简单啦，那么对于大的数字呢？

计算从 1 开始连续数列的和，比如到 100，这里有个巧妙的办法，跟某个故事里的办法差不多。那故事的主角是个小男孩，好多国家为了男孩的身份争来争去。俄罗斯人声称那是"几何学中的哥白尼"——尼古拉·罗巴切夫斯基七岁半时候的事。犹太人说是巴鲁赫·斯宾诺莎，也是在那个年龄。德国人抬出了名声赫赫的数学家——确实是名垂青史的数学家——C.F.高斯（高斯钟形分布就是以他的名字命名的），他 6 岁时就登上了数学舞台的中心。声称自己的孩子能搞定这个的父母也不少。

我们刚才在本书里提到巴鲁赫·斯宾诺莎了，这里就用巴鲁赫的版本吧。

有一天，小小的巴鲁赫枯坐在课堂，百无聊赖。但问题是他不仅百无聊赖还扰乱课堂。老师决定让这孩子搞点花时间的东西，就让巴鲁赫把 1 到 100 都加起来。"他得忙到下课了。"老师自言自语。

嗯，想法是一回事，现实是另一回事。老师刚刚转身看黑板，巴鲁赫就说了："老师，答案是 5050。"

我们可以假设巴鲁赫（太幼小了）还不知道上面的公式，所以他是怎么算得那么快的呢？

$$1+2+3+4+\cdots+98+99+100 = ?$$

解答很简单，也很优雅。巴鲁赫不是按顺序加的，他意识到把第一个数加上末一个（1+100=101），第二个加上倒数第二个（2+99=101），第三个加上倒数第三个（3+98=101），如此这般，一直到 50+51=101，这 50 对每对的和都是 101。所以他只需要简简单单计算 50 乘 101：$50 \times 100=5000$，结果加上 1 乘 50，总和是 5050。

挺聪明哦，不是吗？我们略加思考几秒，就能理解巴鲁赫的做法类似毕达哥拉斯排列石头。

毕达哥拉斯也用石头的教学方式解释了"平方数""三角数""立方数"等术语。这很简单，因为他就是用几何排布的方法来给数字命名的。

例如，我们可以看到 1，4，9，16，25，…等"平方数"的部分展示：

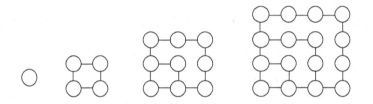

1，3，6，10，15，…是"三角数"，部分展示如下：

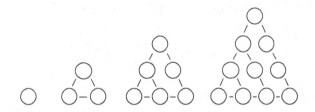

而 1，5，12 是"五边数"，展示如下：

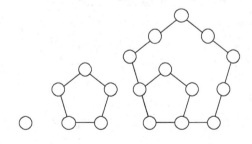

我们回到三角数。

定理：3 以上的三角数可以写成一个平方数与两个三角数之和。

证明：如下页图所示。

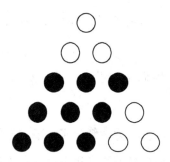

确实，$15 = 9 + 3 + 3 = 3^2 + 3 + 3$

证毕。

小提示：这个定理当然可以用常规方法证明，但是有点复杂有点难懂。图示法清晰明了。

那么连续平方数的和呢？

$$1^2 + 2^2 + 3^2 + 4^2 + 5^2 + \cdots = ?$$

在校期间就热爱推导习题的人可能还会记起这个公式：

$$1^2 + 2^2 + 3^2 + \cdots + n^2 = \frac{n \times (n+1) \times (2n+1)}{6}$$

这个公式以 13 世纪的数学家杨辉而闻名。

它背后的逻辑是什么呢？我们得向毕达哥拉斯求助来理解它。我解释一下 $n=4$ 时的一些概念，主要概念都遵从同一原则。

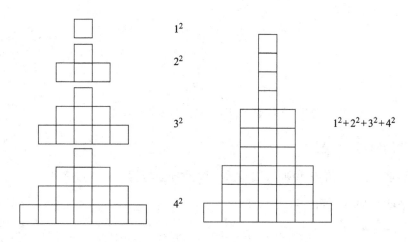

接下来就要画出下图：

然后我们有：

$$1^2+2^2+3^2+4^2=\frac{4\times5\times(2\times4+1)}{6}$$

或者说：

$$1^2+2^2+3^2+\cdots+n^2=\frac{n\times(n+1)\times(2n+1)}{6}$$

如果你喜欢在"沙滩上摆石头"来做数学的方法，可以来个有趣的消遣：在课本中找到一些类似的公式，收集一堆石头，前往海滩。（别忘了防晒——这些练习都挺花时间的。）另外，还有个娱乐项目是用你自己的石子发明你自己的公式。当然，最终的消遣是——躺在沙滩无所事事！

无数学不能深钻哲学。
无哲学不能深钻数学。
两者皆无，万事皆休。

——莱布尼茨

毕达哥拉斯定理——勾股定理

讲毕达哥拉斯怎能不提以他名字命名的著名定理呢？当然不能不提！因此，我在本章的结尾讲一些关于该定理的轶事。如定理所言（中国称勾股定理，由周朝的商高独立提出），对任意直角三角形，斜边长的平方等于另外两条边长的平方和。

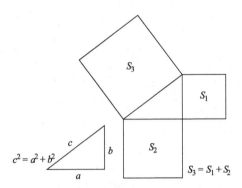

有趣的是，古埃及人早就知道了这个定理，甚至还用 3 条边的长分别为 3、4、5 的毕达哥拉斯三角形来构造直角。

当然，上过学的人都能讲出这个著名的定理，但是有多少人真正知道它为何成立和怎样被证明？

有这么个故事：哲学家托马斯·霍布斯（1588—1679）在几何之父欧几里得的书里刚看到勾股定理时，震惊不已，拒绝相信这是真的。那时霍布斯已经 40 岁了，还没对数学感兴趣。霍布斯读了勾股定理的证明（古人那些动人的图示）后，便深深迷上了几何。

如果霍布斯不相信这个定理的正确性，我也别无他法只好证明一遍了。事实上，有几百种证明方法呢：从欧几里得写下迷倒了霍布斯的那个开始，到最后还有用到微分来证明的。

我给你看 3 种我特别喜欢的证明方法。但在此之前，我要先展示一个关于等腰直角三角形的。证明很简单，如下页图所示。

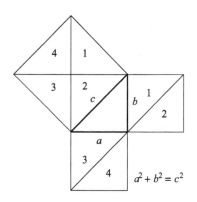

证明 1——简中之美

我选这个因为它最简单。

我们选取一个边长为（$a+b$）的正方形，然后像下方左图所示放进 4 个直角三角形。现在，让我们用如下方右图所示的方式来排列这 4 个三角形。在两个正方形里，阴影的面积必然相等，因为都等于正方形的面积减去 4 个三角形的面积。

因此 $a^2+b^2=c^2$。

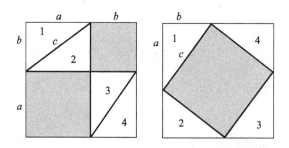

证明 2——加菲尔德的证明

如果你认为慵懒的"加菲猫"给了勾股定理一个证明，那就错了。这个证明来自美国第 20 任总统詹姆斯·A. 加菲尔德。（但是假如你认为加菲猫与加菲尔德之间毫无关联，那就又错了！加菲猫之名来自它的创作者吉姆·戴维斯的祖父，与美国前总统的名字相似，祖父的名字是詹姆斯·加菲尔德·戴维斯。（祖父名字的由来也是为纪念加菲尔德总统。）

证明如下，请看这个梯形：

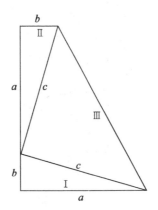

一方面，梯形的面积等于高（$a+b$）乘以上下底之和的平均值（$\frac{a+b}{2}$）；

另一方面，梯形由 3 个三角形——Ⅰ、Ⅱ和Ⅲ组成。Ⅰ和Ⅱ的面积都是（$\frac{a \times b}{2}$）。易证三角形Ⅲ是直角三角形。因为三角形的内角之和是 180 度，由此三角形Ⅲ的面积为$\frac{c^2}{2}$。故梯形的面积可写为：

$$(a+b) \times \frac{a+b}{2} = \frac{a \times b}{2} + \frac{a \times b}{2} + \frac{c^2}{2}$$

把左边展开再化简，我们最终得到 $a^2+b^2=c^2$。

证毕。

证明 3——毕达哥拉斯与达·芬奇的合奏

我们现在讲的这个证明的作者不是别人，正是达·芬奇。乔尔乔·瓦萨里（1511—1574）在他关于大艺术家的著作——《艺苑名人传》里讲到达·芬奇仅仅花了几个月学数学就成了专家。达·芬奇在研究音乐上也没花多少时间，他跟毕达哥拉斯一样喜欢用琉特琴自弹自唱。还有很多学科，达·芬奇没花多少时间就得之于心而用之于手，比那些孜孜钻研的人还精通。

看了下页图示，达·芬奇的证明一下就能懂了。这一点也不意外。

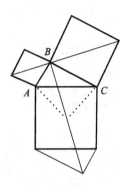

达·芬奇绘制的这个图是怎么来的？证明藏在哪里？给你点时间，动动脑筋思考一下吧。

第三讲

素数秘传

欧几里得的惊人时刻

在前面一讲，我们讲毕达哥拉斯时介绍了三角数、平方数，甚至还有五边数。但是我们从没谈过矩形数，为什么呢？

原因就是它们屡见不鲜。一个数只要能被比它小的数整除，就能表示为矩形。下图例子中给出了一个数的两种表达：

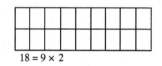

18 = 9 × 2

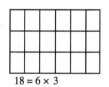

18 = 6 × 3

不能表达为矩形的数才有意思呢。准确来说，这种数只能被 1 和它本身整除，比如 17。除了下图这样，没有别的矩形能表达了。

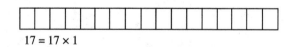

17 = 17 × 1

如果一个数只有两个不同的因数：1 和它本身，那么称它为素数。不是素数的数叫作合数。

素数集合是这样的：2，3，5，7，11，13，17，19，23，29，31，37，41，43，47，…（如果你仔细阅读了素数的定义，就能明白为何 1 不在其列。）

素数构造了全体自然数，因为每个合数有且仅有一种以素数乘积来表示的方法，其中每个素数可以出现不止一次，例如，$72 = 2 \times 2 \times 2 \times 3 \times 3 = 2^3 \times 3^2$。

对于那些并不自命为数学家的人来说，每个合数有且仅有一种素数的因数分解这件事显而易见。但是对于数学家来说并不简单——他们必须努力来证明它。可别嫌数学家拘谨，在历史上很多看起来"显而易见"的事，最终都被证明是错误的，所以数学家固执地坚持每个假说必须被证明出来才算正确。你可以假定一堆 0 加在一起还是 0，但是在本书后面的部分，你可以看到一串 0 的和并不总是 0。如果连 0 都不可信了，你又能信什么呢？

呵，我跑题了。我们回到素数的话题上吧。

我们跟素数慢慢建立联系，首先要问的是："素数究竟有多少呢？"

第一个发现答案的是希腊数学家，几何之父——欧几里得。无论在何时何地学过几何的人都很熟悉他。我们都学过欧几里得的假设（公理）：两点之间只能有一条直线，平行线永不相交。事实上，经典的几何学就是以他的名字命名的，被称为欧氏几何。另外，虽然欧几里得发明几何学是在 2000 多年以前，但如今学校里教的跟他当年所写的一模一样。你能想象如今在生物学、化学或者物理学上还在教 200 多年以前乃至 2000 年前的知识吗？

欧几里得对历代文明有着深远影响。受影响的人之一就是哲学家中的哲学家——巴鲁赫·斯宾诺莎。斯宾诺莎被欧几里得用公理和基本概念构建几何学的做法深深倾倒，他把这种方法用到了他最重要的著作《伦理学》中。当然，斯宾诺莎在书中讨论的不是点和线，他考虑的是他的世界中神的概念和人的角色。但是，他提出观念的方式是纯粹欧几里得式的：斯宾诺莎表述了他的基本概念，设下特定公理，然后用公理去证明定理。事实上，斯宾诺莎的作品原名是 *Ethic a Ordine Geometric o Demonstra*。该英文版书名译为中文是《伦理学》，而其拉丁文版书名译为中文后是《几何方式阐述的伦理学》。

回到欧几里得上。我们看他的"素数究竟有多少"的答案之前，先自己想想看。

首先，我们必须判断素数集合是有限的还是无穷的。

如果素数的数目是有限的，最大的素数是几？

如果素数有无穷多个，可以证明吗？

我们能找出某些巨大、超大的数是否不能被 1 和它本身以外的数整除，因而成为素数吗？

有能给出全部素数的公式吗？

欧几里得定理

素数有无穷多个。

这里我列举两种证明方法。一种很简洁，强调了欧几里得伟大的思想之美；另一种本质上是一样的，只是长一些，可帮助详细解释简洁的那种。

短证明

我们假设 2，3，5，7，11，…，P 是 P（包括 P）以下的全部素数。

现在我们构造一个新数 S，$S = (2 \times 3 \times 5 \times 7 \times 11 \times \cdots \times P) + 1$。

那么，S 要么是素数，要么能被（一个或多个）比 P 大的素数整除。无论哪个，P 都不是最大的素数。因此素数一定有无穷多个。

证毕。

你服气吗？如果服了，就可以跳过长证明；如果没有，就读下去！

长证明

这里我们也要假设有最大的素数，然后证明这是不可能的，以此来证明素数是无穷多的。（这种先给假设再证明假设不成立的证明方法，在数学的术语里叫作"反证法"。这种方法简单且优雅，在数学上完全是自然的，但是许多人最初接触这种思想时并不接受。）

如果素数是有限的，那就能找到最大的素数，我们记为 P。现在，我们把所有素数写下来：2，3，5，7，11，13，17，…，P。

然后我们构建 S，$S = (2 \times 3 \times 5 \times 7 \times 11 \times \cdots \times P) + 1$。也就是说 S 等于我们名单里所有素数的乘积再加 1。谁能整除 S 呢？

它不能被 2 整除，因为括号里有个偶数（2 是表达式里的一个因数），再加上 1，S 就是奇数。

S 也不能被 3 整除。理由相同：括号里式子的值能被 3 整除（因为 3 是表达式里的一个因数），因此加上 1 后就不能了（事实上，S 被序列中的任何素数除都余 1）。

S 也不能被 4 整除，因为连 2 都不能整除它。事实上，一个数如果能被某数整除也就能被它的素因数整除。例如，能被 6 整除的数也能被 2 和 3 整除。

如果我们持续进行，再稍加思索，就能意识到 S 不能被 5，6，7 直到我们设定中的最大素数 P 和它以内的任何数整除，那就有两种可能性。

一种是 S 是比 P 大的素数。

另一种是 S 能被该序列以外的某个素数整除，也就是说，这是一个比 P 还大的素数（因为我们已经看到它不能被小于等于 P 的素数整除）。

无论哪种，这都与原命题"P 是最大的素数"矛盾了。如果"P 是最大的素数"这个命题引起了矛盾，就意味着根本没有"最大"的素数，也就是素数有无穷多个。

证毕（译者注：此处原版书为"QED"）。

重要提示：欧几里得的证明并不是构造性的，也就是说，他不是简单地举出一个又一个大素数。正如我们指出的，S 未必是个素数，它可以是个合数，能被比 P 大的素数整除。

　　另外，也许你会好奇，所以说一下，上文中的"QED"来自拉丁文 Quo dEr at Demon strand um，意思是"这就是我要证明的"。每个学数学的学生备尝艰辛完成了长长的证明过程后，都会在结尾自豪、欢喜地写上这个。斯宾诺莎经常用这个拉丁文缩写。有趣的是，欧几里得本人用的是 OEΔ（来自希腊文原文），表示的是 *hoper eide deixai*（δπερ εδει δεῖξαι）——"这就是我要展示的"的意思。

　　我要说明的如下。

　　假设 3 是现存的最大素数（这样的假设当然是大错特错的）。我们构建 S，也就是（2×3）+ 1 = 7，那么 7 确实是个素数（S 是比 P 大的素数）。对于 $S = （2 \times 3 \times 5）+ 1$，$S = （2 \times 3 \times 5 \times 7）+ 1$ 和 $S = （2 \times 3 \times 5 \times 7 \times 11）+ 1$，这个可能性也成立。

　　但是，我们也对第二种可能（S 能被比 P 大的素数整除）找到了例子：（$2 \times 3 \times 5 \times 7 \times 11 \times 13$）+ 1 = 30031 = 59 × 509。

　　换言之，（$2 \times 3 \times 5 \times 7 \times 11 \times 13$）+ 1 就是能被更大的素数 59 和 509 整除的，它们都比 13 大，其中 13 临时扮演"最大的素数"的角色。因此，欧几里得的证明中并无矛盾——它完美无缺。

　　有趣的是，有人看过欧几里得的证明后，觉得如果没看的话他自己也能证，这样的人还不少呢。（嗯……把素数乘起来再加 1，多容易啊！我不用两分钟就想出来了。）对大多数人来说，这只是幻觉。这个证明的简洁昭示着它巧夺天工，美不胜收。

　　我遇到过的很多数学家都认为欧几里得关于素数无穷性的证明是古往今来数学历史中的最美之笔。如果我是个重要的数学家，我当然也要附议赞成的。

梅森数与吉尼斯世界纪录

　　"素数有无穷多个"这个命题引出了我们永远无法列出全部素数的事实。

永远会有比我们能列出的更大的素数。

"截至 2018 年发现的最大素数",获得这个荣誉的是 $2^{77232917}-1$。我可不推荐你把它计算出来写在本上——你的本子写不下,没那么多页。试想一下,宇宙之中原子的个数估计不到 2320 个,这样你就能理解 $2^{77232917}-1$ 有多么惊人。这个数有 23249425 位,比前一个大素数多了将近 100 万位。那个次大的素数 $2^{74207281}-1$ 是在 2016 年 1 月被发现的(它"仅仅"有 22338618 位)。相比之下,2^{320} 有将近 96 位。可见,每个"大"数只是相对而言!

顺便说一下,证明这个庞然大数是素数的不是自然人,而是一个网络上的项目,叫作互联网梅森素数大搜索(GIMPS)。

那么,什么是梅森数?正确的问题应该是,"谁"是梅森?形如 2^n-1 的正整数叫作梅森数,其中指数 n 是素数。马林·梅森(1588—1648)是法国哲学家、神学家、音乐学家、数学家。(如果这串头衔不够令人印象深刻,我再补充一点:他是第一个测量声速的人。)

对中学知识记忆犹新的(或者在上中学的)人或许都知道:如果指数不是素数,梅森数也就不是素数。理由是这种数能拆成两个因数。下文中我们以 2^6-1 为例来说明:

$$2^6 - 1 = 2^{2\times3} - 1 = (2^2 - 1) \times (2^4 + 2^2 + 1) = 3 \times 21$$

换言之,如果指数是合数,对应的梅森数一定有因数分解,也就是合数。分解公式如下:

$$2^{mn} - 1 = (2^n - 1)(1 + 2^n + 2^{2n} + \cdots + 2^{(m-1)n})$$

如果上式没抓住你的心,那也无妨。其实它也没那么重要。真正重要的是,如果指数不是素数,这个梅森数也不是素数。

如果合数的指数推出合数的梅森数,很自然的问题是,素数的指数能推出素数的梅森数吗?

我们检验一下。

2^2-1，2^3-1，2^5-1 和 2^7-1 都是素数（对应 3，7，31 和 127）。到此，很好。7 之后的素数是 11，但是（$2^{11}-1$）不是素数！ $2^{11}-1 = 2047 = 23 \times 89$。

很可惜啊，素数的指数竟不能推出对应的梅森数也是素数。如果能推出的话，我们就能轻易找出越来越大的素数了。比如，我们可以用上文中的巨大素数作为 2 的指数，再减去 1，就得到新的更大的素数。这样的数得有 2000 万位。想象一下这何其浩瀚，简直超乎想象之涯。这个数究竟是不是素数？我不知道，估计我有生之年也知道不了。

同样，素数有无穷多个并不能推出梅森素数也有无穷多个。我们至今知道了 50 个梅森素数。

前 8 个是 3，7，31，127，8191，131071，524287，2147483647。

第 9 个数是 $2^{61}-1$，有 19 位。我就不费事写出来了（我觉得太麻烦了）。

梅森在 1644 年的文章中探索了这些以他名字命名的数。标题很动人：《数学物理思想》（*Cogitata Physico-Mathematica*）。他检验了 257 以内的素数，总结出对 *P*=2，3，5，7，13，17，19，31，67，127，257，2^P-1 都是素数。其实正确的序列还略有不同，应该是 *P*=2，3，5，7，13，17，19，31，61，89，107，127。

梅森的成功是否引人瞩目，你心中有数。

梅森数与完全数

你还记得我们在毕达哥拉斯那一讲说到的完全数吗？如果忘了，我再说一下：完全数就是因数之和等于它自身的数。欧几里得已经发现，如果 2^P-1 是一个素数，那么把它乘上 2^{P-1} 一定是完全数。（当然，欧几里得不会把它叫作"梅森数"。因为不仅梅森本人，而且他爷爷的爷爷的爷爷也还未出世呢。）

我来展示一下。$2^3-1 = 7$，7 是一个素数，因此（2^3-1）$\times 2^2 = 28$ 就是一个完全数。同样，$2^5-1 = 31$，31 是一个素数，因此（2^5-1）$\times 2^4 = 496$ 就是一个完全数。对已知的最大素数使用这种方法，我们就可以构造已知的最大的完全数：$(2^{77232917}-1)\times 2^{77232916}$。

我可不推荐你去计算这个数来检验它是否为完全数。我可以保证，这个庞然大数的因数之和就是它本身。用德国大哲学家伊曼努尔·康德的话说，"我要限制知识，为信仰留下地盘"。

好啦。现在我们不聊这些称得上吉尼斯世界纪录的大数了，来动动脑筋吧。

学数学的人来动脑筋

1）证明：如果 2^P-1 是一个素数，那么 $(2^P-1)\times 2^{P-1}$ 一定是完全数。

2）28 是一个三角数。

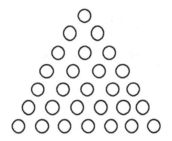

所有偶的完全数都是三角数吗？

3）著名瑞士数学家莱昂哈德·欧拉（我们稍后会讲他）证明了逆命题也是对的。也就是说，所有偶的完全数都可以表示为 $(2^P-1)\times 2^{P-1}$ 的形式，其中 P 和 2^P-1 都是素数。

欢迎你自己试试，或者找找欧拉的证明[1]。

寻找神谕公式

好啦，现在我们了解了素数有无穷多个。按逻辑，下一个问题就是它们的出现有什么规律。有没有公式算出来的结果都是素数呢？有没有公式，可以用来算出全部素数呢？对于第 n 个素数，公式长什么样呢？

我们刚刚提过伟大的瑞士数学家莱昂哈德·欧拉，现在再来讲讲他。

1772 年，欧拉注意到对于表达式 n^2+n+41（形如 ax^2+bx+c 的表达式被称为二次多项式），在 n 小于 40 时算出的结果都是素数。例如，对 $n = 0$，1，2，3，4，5，6，我们得到对应的值：41，43，47，53，61，71，83（请注意它们之间的差是 2，4，6，8，10，12）。

欧拉的公式不会源源不断给出素数，稍微懂点中学数学的人就知道，当 $n = 41$ 时，结果就不是素数。因为这时表达式的 3 项都能被 41 整除，意味着总和也能被 41 整除。

如果我们再多想想，我们就能意识到：当 $n = 40$ 时，公式给出的结果也不是素数。我们把公式写出来：

$$40^2 + 40 + 41 = 40 \times (40 + 1) + 41 = 40 \times 41 + 41$$
$$= 41 \times (40 + 1) = 41^2$$

它不仅不是素数，还是个完全平方数：1681。

请注意，1681 有个非常有趣的性质：它不仅是完全平方数，它的两部分 16 和 81 也是完全平方数，这样子的四位数独一无二（这里我们忽略 1600 这种平凡的例子）。

注意：人们目前还没有找出哪个二次多项式 ax^2+bx+c 被证明能构造无穷多个素数。

狄利克雷定理

当年我在特拉维夫 – 雅法大学上数论课，格里高利·弗赖曼教授给我们证明了以下定理：

如果 a 和 b 是互素的，也就是说它们除了 1 以外没有其他公因数，那么数列 $an + b$ 能构造出无穷多个素数。

狄利克雷定理（提出者古斯塔夫·勒热纳·狄利克雷，1805—1859）的证明美妙得异乎寻常，但是讲解它要花 4 节课，并且涉及的数学知识远远超出本书所介绍的范围。既然我承诺过只用基础算术，我就讲得尽量简单些。

我们先选两个互素（也就是没有公因数）的数，例如 $a = 3$，$b = 4$（请记住：这俩数本身不需要是素数，只要它们彼此互素即可）。我们的基础表达式就是 $3n + 4$。我们从 $n = 1$ 开始计算序列的数值。

这串序列是 7，10，13，16，19，22，25，28，31，…

你现在大概已经观察到序列里不全是素数。但是，狄利克雷定理也没说它们全是。狄利克雷定理：如果 a 和 b 互素的话，该序列里会出现无穷多个素数；当然，也会出现无穷多个合数。这是明摆着的。例如，在 $3n + 4$ 的序列里，当 n 是 4 的倍数时，结果显然是合数。

顺便说一句，勒热纳·狄利克雷的名字来自一个有趣的故事。狄利克雷家族来自比利时的列日附近的一个小村利克雷。人们称他为"利克雷的青年"。

合数王国

许多年前，我受命在特拉维夫 - 雅法大学数学学院的一个非常特殊的项目里任职。贝诺·阿尔贝尔教授负责发掘在数学方面天赋异禀的高中生，我的工作就是在他们学习中学课程的同时教他们做一点学术研究。主要是想在他们完成高中学业或不久之后就能取得学士或硕士学位。

我曾经把我收藏的国际数学奥林匹克竞赛的题目给他们做。因为我认为难题见真知。以下就是我出过的一个热身题。

题目

写出 100 个连续的数，其中不包含素数。

你可能知道我的真正意图。如果你想要"参考答案之前自己思考"，这样很好。

小提示

这个练习不简单。首先，你当然会想到这串连续的数是从一个相当大的数开始的，我们已经知道从小的数开始不会有连续 100 个其中不掺一个素数的数。

继续思考。

你思考时，我想介绍给(或者说提醒)你一个能简化书写和思考的符号。显然，我现在引入这个符号自有道理，它能帮我们解题。它就是阶乘符号，也就是感叹号（！）。在数学里，n！定义成从 1 到 n 的乘积，也就是说 $n! = 1 \times 2 \times 3 \times 4 \times 5 \times \cdots \times (n-1) \times n$。

例如，$5! = 1 \times 2 \times 3 \times 4 \times 5$。（曾经有个学生在我介绍阶乘时缺课了，当他看到 5！时，叫道："5 哇哦！"）显而易见 5！是能被乘积里的所有因数整除的。换言之，n！能被 1 到 n 的所有数整除。

为了完整起见，我要指出将 0！定义成 1。所以 $n! = (n-1)! \times n$ 的基础定义公式是毫无问题的。

现在再试试解我们的问题吧！

有什么想法吗？没有的话接着读吧！

大提示

我希望我们在阶乘上花的工夫对你的解题有帮助。你可以确信这里面阶乘起了点作用，但是什么作用呢？

我们从哪个数开始试验？ 100！如何？不好吧，下一个数（100！＋1）

有可能是素数吗?

但是,如果……你找到答案了吗?

巨提示

或许我们该从(100!+2)开始试,这样似乎好一点,因为100!和2都能被2整除,所以它也能被2整除,不是素数。我们的方向是对的。

同样,下一个数(100!+3)能被3整除。然后持续下去……(100!+100)能被100整除。糟糕,接下来没法快速得知(100!+101)是不是合数了。

我们很接近答案了。但是,从(100!+2)到(100!+100)只有99个数。功亏一篑,惜哉惜哉。

等等!功亏一篑?为时未晚!稍加改动即可。

答案

我们可以把序列构造成从(101!+2)开始到(101!+101)结束。这样就有100个连续的数,而且毫无疑问,它们全是合数。

很显然,我们可以找到不掺一个素数的任意长的序列。例如,要找1000个连续的合数,我们只需从(1001!+2)开始。这当然意味着真正大的数里面,素数越来越少了[2]。

再谈素数的频度

随着数字越来越大,相邻的两个素数之间的差也越来越大。然而,有个定理把素数在自然数中出现的频率划了个上限,断言:当 i 趋于无穷,$\frac{P_{i+1}-P_i}{P_i}$ 趋于0,其中 P_i 表示第 i 个素数。

我把这里的数学语言翻译成日常语言,这样不是数学家也能懂。上面的定理是说:当 i 变大时,相邻两个素数的差变小。序列从 $i=1$ 开始(为清晰起见,第一行的 i 是1,则 P_i 就是第一个素数2;P_{i+1} 就是第二个素数,也就是 3。第二行 i 等于 2，素数 $P_2 = 3$ 且 $P_3 = 5$，以此类推）：

$$(3 - 2)/2 = 1/2$$
$$(5 - 3)/3 = 2/3$$
$$(7 - 5)/5 = 2/5$$
$$(11 - 7)/7 = 4/7$$
$$(13 - 11)/11 = 2/11$$

.

.

.

$$(103 - 101)/101 = 2/101$$

.

.

.

$$(433 - 431)/431 = 2/431$$

.

.

.

$$(3539 - 3533)/3533 = 6/3533$$

.

.

.

　　可以看到，表达式 $\dfrac{P_{i+1} - P_i}{P_i}$ 随着 i 的结果有变小的趋势（表达式的结果不是单调递减的，只是随着 i 变大有变小的趋势）。因为对于大素数，表达式结果的分子比分母小得多。这意味着相邻素数之差（就是分子）比素数本身增长得慢，于是就使分数变小了。

　　尽管在开头几步计算的结果波动较大，但考虑到趋势，相邻素数之差跟素数本身相比还是越来越小的。

获得博士学位的捷径

尽管我们年年岁岁勤勤恳恳进行研究，但关于素数，我们知道的仍然远远不及我们未知的。

据我所知有几个问题（还有挺多）时至今日仍无人能解。或许你跃跃欲试了。哪怕你只解决了一个，我保证你能立刻获得一个数学博士学位并扬名立万。（如果你仍在读中学或大学，解决了这些问题你就"永远不用上课啦"。）真是好消息。

不过坏消息也挺坏。谁也不能灵机一动就解决这些问题。它们难得异乎寻常！难以想象数学家为了解决它们付出了多少努力。"天下没有免费的午餐"，经济学家是这么告诉我们的。那么，我再加一句："没有盛宴不费千金。"

孪生素数、三胞素数、亲缘素数、姻亲素数

如果一对素数之间的差是2，那么称它们为孪生素数。例如：(3，5)，(5，7)，(11，13)，…，(431，433)都是孪生素数。孪生素数有无穷多对吗？

任凭素数无穷多，断言轻易不能下。

三胞素数：小测验

(3，5，7)是素数三胞胎[3]。证明这是唯一的"孪生三胞胎"。

亲缘素数

像(3，7)，(7，11)，(19，23)，…，(223，227)这样互相的差为4的素数对被称为亲缘素数。它们会有无穷多对吗？

姻亲素数

差为6的素数对被称为姻亲素数。（看看在数学家心里什么才是姻缘！）如今，只有很少几对姻亲素数：(5，11)，(7，13)，(11，17)，(17，23)，(23，29)，…，(191，197)，…。

看看这关系！5 的配偶 11 也跟 17 成双，17 再与 23 纠缠，23 这家伙又搭上了 29，但是 29 对 23 忠贞不贰。真是"浪漫"小说的好素材啊！

孪生素数、亲缘素数、姻亲素数到底是有限的还是无穷多呢？谁也不知道。

给数学家的提示：素数倒数的收敛性

我们观察一下只包含孪生素数的级数：

$$(1/3 + 1/5) + (1/5 + 1/7) + (1/11 + 1/13) + \cdots + (1/857 + 1/859) + \cdots$$

1915 年，挪威数学家维果·布朗证明了一个定理。该定理以他的名字命名，使他扬名至今。在定理中，布龙展示了上述级数收敛，其和趋近 1.9（1.90216…）。

如果这个级数是发散的，我们就能得出孪生素数有无穷多对。但是，它是收敛的，与孪生素数有穷或无穷不关分毫。

如果我们能证明这个级数不能表示成分数——这种数叫作无理数，问题也就解决了，也就是说有无穷多对孪生素数（因为有限多有理数的和还是有理数）。但是，结果是有理数，这与孪生素数有穷无穷没有关系。（我们稍后就给数学门外汉讲讲有理数与无理数。）

亲缘素数的级数（1/7 + 1/11）+（1/13 + 1/17）+（1/19 + 1/23）+ … 是收敛的，其和趋于 1.197（1.1970449…）。

平稳素数

如果一个素数中的数码任意排列还是素数，那么称它为平稳素数。例如，199 是平稳的，因为 919 和 991 也都是素数。13 也是个平稳素数，因为 13 和 31 都是素数。

你可以在计算机上运行个程序来找平稳素数，然后发现除了前面寥寥几个（最后一个是 991），其他的平稳素数都是由重复的数码 1 构成的。开头的就是 1，111，111111，111111111。

还有个开放的问题如下：比 991 大的平稳素数都是由 1 构成的吗？小提示：能构成平稳素数的数码只有 1，3，7 和 9。显而易见，如果里面含了偶数或者 5，某些排列得到的就是合数了。

回文数

回文就是从前往后和从后往前读起来一样的文字。"I prefer pi"就是一个回文的例子。（译者注：中文的回文例子也有很多。）回文数里有素数吗？有啊，事实上还不少呢：919, 101, 14741, …，激动人心的例子还有许多（已证的最大回文素数有将近 50 万位）。然而，这样的数是有限的还是无穷的还悬而未决。削好铅笔，备好计算机，你来自己试试看吧！

勒让德猜想

18 世纪法国数学家阿德利昂·玛利·勒让德（1752—1833）提出了一个猜想：在 n^2 与 $(n+1)^2$ 之间一定至少有一个素数。

我们对 $n=2$ 检验一下。在 $2^2=4$ 与 $3^2=9$ 之间，有素数 5 和 7。许多数学家直觉上认为这个猜想是对的，但是如我们已经讲过的，做数学不能只凭直觉。

在前文《合数王国》章节里，我们学习了如何找一个连续的合数序列（也就是不掺杂素数），想要多长有多长。曾经在我的课上有学生认为这个方法与勒让德猜想矛盾，然后说它错了。其实他错了，因为我们不可能在指定的地方随心所欲地造序列。如果你还记得的话，在我们的例子里，100 个连续的数的序列开始于 100!。100! 是庞然大数[4]，这串数位于两个间隔很大的连续平方数之间，理论上还是给至少一个素数留了地方的。我们观察如下 100! 的平方与（100! + 1）的平方之间的间隔（也就是差）。

$$(100!+1)^2 - 100!^2 = (100!^2 + 2 \times 100! + 1) - 100!^2 = 2 \times 100! + 1.$$

间隔也是天文数字啊！

就在我写本书之际，还没有人证明勒让德猜想是真是假。

数学世界中的女人

到现在为止，我们遇到的大部分数学家都是男人。历史上就没有重要的女数学家了吗？有的，而且人才济济呢！这里我先暂停素数的话题，给你们讲一些成就卓著的女数学家。据说，历史上最伟大的两个女数学家分别是俄罗斯数学家索菲娅·柯瓦列夫斯卡娅（1850—1891）和德国犹太数学家艾米·诺特（1882—1935），她们都是爱因斯坦的忠实崇拜者。

心中无诗意，必非数学家。

——索菲娅·柯瓦列夫斯卡娅

但是，更早的历史上就已经出现了女数学家。

古代世界

传说毕达哥拉斯之妻——克罗顿的西雅娜，就是个数学家和物理学家，她还涉猎医学和心理学——这个女人比文艺复兴还文艺复兴。"数学第一人"（指毕达哥拉斯）的女儿达莫，也为数学深深着迷。作为毕达哥拉斯学派的一员，她很可能对父亲教义的发展做出了相当的贡献。

亚历山大的希帕提娅（生于4世纪的后半叶）毫无疑问是古代世界最著名的女数学家。其父是数学家、哲学家西昂，他想要把女儿培养成"完人"的样子，于是教给了她当时全部的知识。西昂不但把自身学识全部传授给了女儿，还送她去雅典和罗马学习。大部分传记作家指出希帕提娅在数学上的成就已经超越了她的父亲。

希帕提娅确实是多才多艺之人。她在亚历山大里亚学习柏拉图和亚里士多德的哲学。她也是当时有名的天文学家，写了《天文经典》一书，用一系列图表描绘天体运行情况。希帕提娅也因美貌闻名，但据传记记载她终身未婚。

希帕提娅的故事是个传奇，迟早会有电影来刻画她的生平——西班牙导演亚历桑德罗·阿曼巴接受挑战，拍了电影《城市广场》（2009）。当然，电影里包含了一段爱情故事。

索菲·热尔曼

我们讲讲索菲·热尔曼，她的故事关乎素数的世界和开放的大问题。

1776 年，索菲·热尔曼生于巴黎（亡于 1831 年）。西蒙·辛格尽管生命遭受威胁仍不放弃数学，最终丧命于罗马士兵之手。索菲对此深受震动，认为如果深探数学奥境，定是妙趣横生，美不胜收。（倘若她得知伯特兰·罗素 3 次为多学点数学而放弃自杀，会更生敬畏之心吧。）

即使索菲既没正式学过数学也没文凭，她对数学的贡献也非常多，尤其是对微分几何与数论。她在数论领域有个重要贡献：把费马大定理的可能解砍掉了一些。索菲获得过法国科学院的数学竞赛资助，是参加科学院讨论班的首名女性。在巴黎有一个街区和一所学校以她的名字命名，更不用说金星上还有一座名叫热尔曼的火山了。

索菲·热尔曼素数

我们回到素数的开放问题。

如果 P 是一个素数，并且 $2P+1$ 也是个素数，那么称 P 为索菲·热尔曼素数 [5]。请看一些例子：2，3，5，11，23，29，41，53，83，89，…。比如说 5 位列其中，因为 $2 \times 5 + 1 = 11$，11 也是素数。另外，7 不在其中，因为 $2 \times 7 + 1 = 15$（15 不是素数）。

聪明的读者已经想到有个无人能解的问题：热尔曼素数有无穷多个吗？确实有此一问。不过你们也可以想想其他有趣的问题嘛。

（慢慢思考一下。）

坎宁安链

请看以下序列：2，5，11，23，47。2 是个热尔曼素数。把它乘 2 再加 1 就是素数 5，5 也是热尔曼素数；一番操作得 11，11 也是热尔曼素数；一番操作得 23，23 也是热尔曼素数；一番操作得 47。但是也就到此为止了，因为 $47 \times 2 + 1 = 95$，95 可不是素数。这个序列里有 4 个热尔曼素数，再加个尾巴。这种热尔曼素数串叫作坎宁安链，它以英军数学家阿兰·坎宁安的名字命名。

现在问题来了。

· 坎宁安链还能更长吗？是的，能。我自己的计算机使用水平太弱了，就来个 6 节的小链吧：89，179，359，719，1439，2879。

· 坎宁安链能做到长度任意吗？

· 如果用 $2P - 1$ 代替 $2P + 1$ 怎么样？

· 讨论 $4P + 1$ 或 $4P - 1$ 可有意义？

哈！问起来容易解答难！

哥德巴赫猜想，或曰谁想成为百万富翁

1742 年，大事频出：约翰·塞巴斯蒂安·巴赫谱出《哥德堡变奏曲》（真正的数学家对此无不心怀敬意）；爱德华·杨写下《夜之思——死亡与不朽》；当年 6 月 7 日，寂寂无闻的普鲁士数学家克里斯蒂安·哥德巴赫致信瑞士大数学家莱昂哈德·欧拉（我们一次又一次读到他的事迹）。

时至今日，欧拉仍是古往今来成果最多的数学家。他在数学的不同领域著书浩浩 80 卷。反之，哥德巴赫的荣誉是成为俄国沙皇彼得二世（彼得大帝之孙）的顾问。尽管欧拉和哥德巴赫一个是瑞士人，一个是普鲁士人，他俩却都在彼得大帝建立的圣彼得堡科学院工作。

哥德巴赫在致欧拉的信中提出了如今鼎鼎大名的哥德巴赫猜想，该猜想是在数论乃至全数学领域里最古老又最有名的开放问题。它提出：从 4 开始的每个偶数都能写成两个素数之和（这是猜想的现代版本）。例如 $4 = 2 + 2$，

6 = 3 + 3，8 = 3 + 5，…，大偶数写成素数之和有多种写法，比如 40 = 3 + 37 = 11 + 29 = 17 + 23。

我们对提出这个问题的年份 1742 试试看，比如写成 1742 = 13 + 1729。

（你注意到没？1729 就是哈代去探望拉马努金时乘坐的出租车车牌号！）

所以，把厄运之数 13 加上 1729 就能得到 1742 了。只剩一个问题：如你所知，1729 = 19 × 91，它并不是素数。当然我们很容易找到其他解，比如 1742 = 19 + 1723 或者 1742 = 43 + 1699……不妨检查一下，这些都是素数哦！你也可以自己把 1742 拆成两个素数的和。

在众多关于素数的开放问题之中，毫无疑问，哥德巴赫猜想最为著名，孪生素数猜想还排在它后面。论及熟知和有趣，其他问题又跟这两个差了好远。

2000 年，希腊数学天才阿波斯托罗斯·杜克西阿迪斯的著作《佩特罗斯叔叔与哥德巴赫猜想：数学梦的故事》出版。出版商托比·费博提出：给 2000 年 4 月之前解决哥德巴赫猜想的人 100 万美元作为奖励。这可是大手笔——冒最小的风险获得最大的收益，但事实上没人真站出来领奖。在此之后解决该问题的人能获得保罗·厄多斯提供的奖金，只是金额少些（但规格高些）。

解决哥德巴赫猜想有两条路：找一个不能表示为两个素数之和的偶数（如你所知这个叫反例），或者证明为何所有偶数都能被这样表示。迄今，人们已经检验了天文数字般的偶数（大到 10^{18}），每个都能写成两个素数之和。尽管如此也无法证明。即使我们已经检查到了 1000000000000000！（1000 万亿的阶乘），并且发现每个数都能写成两个素数之和，但依然怀疑下一个数 1000000000000000！+2 就是反例，能推翻猜想。

哥德巴赫变奏曲

道格拉斯·霍夫施塔德在他的书《哥德尔、艾舍尔、巴赫：集异璧之大成》里建议考虑哥德巴赫猜想的变体：每个偶数都能写成两个素数之差吗？（我们叫它哥德巴赫–哥德堡变奏曲好不好？）

我们试试看：$2 = 5 - 3$，$4 = 7 - 3$，$6 = 11 - 5$，$8 = 11 - 3$。显然有的数有多种写法：$10 = (41 - 31) = (29 - 19) = (23 - 13) = (17 - 7) = (13 - 3)$。

尽管这两个问题听起来差不多，却有本质差异。对于原版的哥德巴赫猜想，我们可以对每个偶数用计算机程序在有限时间内检查是否为两个素数的和。数再大也无妨，程序总归能运行完。对另一个版本，程序能否运行完就没谱了。我们任取一个数，就 2010 吧，完全说不准程序运行到什么时候是个头。因为即使我们检查了 12345678910 以内的所有素数，也没找出一对的差为 2010，那也不能说明以后就找不到啊！（我拿 2010 举例只是表达这个思想。其实计算机费不了多少工夫就能把 2010 写成素数之差，比如 $2017 - 7$，$2029 - 19$，$2039 - 29$ 及其他写法。）这个跟检验 2010 能否表示成两个素数之和（你已经知道这是可以的，最简单的分解是 $2003 + 7$）大不相同。

区别在于：找和有有限种可能——只要去检查那个数以内的素数即可。对于 2010，我们只要检查 2007（2010 以内的最大素数）以内的。即使我们要查的不是 2010 而是 2010！，结果也有限，用程序花有限的时间就能运行出来（比人想得久一点，但时间仍然有限）。

但对于差，我们要在比那个数大的无穷个素数里探索，范围无边无际，或许花的时间没完没了。

哈代致敬费马

皮埃尔·德·费马（1601—1665）发现了一些跟素数相关的有趣的事，称为费马素数定理。他指出：任何形如 $4n + 1$ 的素数（例如 5，13，17，29，…）都是两个平方数之和；任何形如 $4n - 1$ 的素数（例如 3，7，11，

19，…）都不可能是两个平方数之和。2 以上的素数要么形如 $4n+1$，要么形如 $4n-1$。（你可以自己证明看看。）

例如，41 是形如 $4n+1$（$4\times10+1$）的数，可以表示成平方和（5^2+4^2）。另外，19（$4\times5-1$）是另一类，就不能表示为两个数的平方和。以 19 为例证明它不能表示为两个数的平方和容易，一般性地证明费马素数定理却很难。

G.H. 哈代在他的书《一位数学家的自白》中把费马的上述发现总结为"优雅的数学"，是欧几里得证明素数的无穷性之后最美妙的数学定理。

嗯嗯，说到"总结"，此刻我们该归纳总结一下素数秘传，然后向无穷的世界进发。

端详数学，非但极真，更是极美——冷静严格，美如雕塑，毫无弱点。不似音画，绚烂无度。纯净高尚，坚实完善，道之极致。

——伯特兰·罗素

第四讲

毕达哥拉斯的伟大发现

正如西方文明里的万事万物，数学里的无穷理论起源于古希腊。有趣的是古希腊语里"无穷"这个词一词双义：一种意思是无边无际；另一种更为晦暗——"不可言传之物"。公元前 6 世纪的哲学家和天文学家阿那克西曼德——泰勒斯之徒、毕达哥拉斯之师，首先把无穷的概念引入了哲学。阿那克西曼德在他的宇宙学里，把无穷视为世界之基、万物之源，一种无边界无言喻的基质。一些前苏格拉底哲学的学者将阿那克西曼德视为将神的抽象概念引入希腊哲学的玄学第一人。

不管怎样，毕达哥拉斯的世界里是没有无穷这回事的。当然你还记得毕达哥拉斯认为万物皆数，即世间之物最终都可以用自然数，也就是正整数和零表示。自然数就是毕达哥拉斯的基本原子。

不过证明毕达哥拉斯错误的，正是他本人。

一个无理数！！

太讽刺了，毕达哥拉斯解释万物最终由自然数构造的理论恰恰成了他的绊脚石。在几何上，他发现没法把正方形的边与对角线的关系表达为自然数的比，信与不信都是如此。

我解释一下。

我们从边长为 1 单位的正方形开始看。我们把对角线的长度记为 c，如下页图：

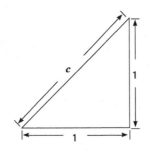

这里用到让毕达哥拉斯享誉世界的定理（也即勾股定理）啦：直角三角形里，斜边的平方等于两条直角边的平方和。

请看我们的图（参见上图），这意味着 $1^2 + 1^2 = c^2$，因此 $c = \sqrt{2}$。

请注意，$\sqrt{2}$ 是一个简单的符号（在毕达哥拉斯眼里），表示自乘得 2 的数。理论上来说，我们可以画一朵花，表示平方后得 2 的那个数。很显然没有整数的平方是 2。（1 的平方是 1，2 的平方是 4，1 和 2 之间就没有整数了。）

但是有没有分数 $\dfrac{a}{b}$ 的平方是 2 呢？关于这个，我提醒一下，形如 a/b 的分式，其中 a 是整数（包括零），b 也整数（不包括零），这样的数叫有理数。毕达哥拉斯当然乐意认为确有其数，这样就与他的世界万物由自然数构成的哲学完美契合。

等着毕达哥拉斯面前山雨欲来！

我们现在要证明 $\sqrt{2}$ 不能表示为分数 a/b 的形式，换言之，我们要证明 $\sqrt{2}$ 不是有理数。

我们用前文提过的反证法。换言之，我们首先对要证伪的这件事立个假设，也就是说存在两个数 a 和 b，且 $\dfrac{a}{b} = \sqrt{2}$。我们要阐述这个假设在逻辑上会引出矛盾的结果。

我们从假设 a/b 是个最简分数开始，也就是说，已经约分到分子最小（例如 21/14 和 15/10 都可以写成 3/2）。只要证明没有最简分数是 2 的平方根，就能证明 $\sqrt{2}$ 是无理数。关于分数的这个假设大有用处且合情合理，因为每个分数都可以写成最简形式，若没有最简分数等于 $\sqrt{2}$，就没有任何分数等

于 $\sqrt{2}$。

我们假设最简分数 $a/b = \sqrt{2}$，稍微调整一下就是 $\sqrt{2}\,b = a$，两边平方就得到 $2b^2 = a^2$。显然 a^2 是偶数。

因此我们可以把 $a=2k$ 代入等式，得到：

$$2b^2 = (2k)^2$$
$$2b^2 = 4k^2$$
$$b^2 = 2k^2$$

我们看到 b^2 是偶数，也就是说 b 也是偶数。

然而，如果 a 和 b 都是偶数，就意味着 a/b 不是最简分数（分子和分母都能被 2 整除）。这就与我们的原始假设矛盾了。换言之，我们证明了 $\sqrt{2}$ 不是两个整数之比。结论：$\sqrt{2}$ 必为无理数。

证毕。

但是我们证明这个有什么用呢?

几何上的解释是这样的：我们很容易构造一个直角边长是 1 单位的直角三角形，并画出它的斜边，但是我们没法在有限步数之内量出斜边的长度。

三角形的斜边——这么简单的一个几何学的概念——违反了毕达哥拉斯哲学的基本原则：万物皆由自然数构成。可以想见，伴随着发现的喜悦，毕达哥拉斯感到巨大的失落。

我们也可以换个法子，在计算器上按出 $\sqrt{2}$ 看看，显示的是 1.4142136。把这个数自乘一下，如果它确实是 2 的平方根，那自乘后就应该确实得到 2。但是并非如此！（如果你特别好奇可以自己试试。）我们没得到 2 的原因是计算器给出的只是 $\sqrt{2}$ 的近似值。即使我们买的是最先进的计算器，给出的结果也只是小数点后多几位，仍然是 $\sqrt{2}$ 的近似值，而非确实的 $\sqrt{2}$。

如果换成用计算机来做这个，就得到以下答案：

1.41421356237309504880168872420969807

要是你雨夜无所事事，就手动把这个数自乘一下看结果是不是 2。你会发现得到的依然只是近似 2 的数，不是 2。

解释一下

以下是理解无理数的一个好办法：当我们把 $\sqrt{2}$ 写成 1.4142135… 时，很难解释这省略号（…）代表什么。这数的无理之处在于：一是小数部分无穷延长；二是没有循环节。

如果一个数的小数点后的数位数有限，那它显然就是有理数。也就是说，它必然能写成形如 a/b 的分数。例如，$0.174271 = 174271/1000000$。

有循环节的无穷小数也是有理数，虽然有点不好理解。我们看看示例，对于 $r = 0.123123123123\cdots$ 这个数有很简单的循环节，易证它是有理数，也就是说，可以写成 a/b 的形式。

我们把 r 乘上 1000（"1000"是根据循环节的长度选的）再减去 r。

$$1000r - r = 999r = 123.123123123\cdots - 0.123123123\cdots = 123$$

因此，$r = 123/999$，可以化简为 41/333，显然是两个整数之比。如果你除一下这两个数，就能得到 0.123123123…。

但是，我们对 $\sqrt{2}$ 没法这么搞，因为它无穷不循环。我们可以找到 577/408 之类的数，它相当接近 $\sqrt{2}$，是个很好的近似值，但也只是近似。很有意思，连毕达哥拉斯本人都拒绝承认 $\sqrt{2}$ 是个数。

在毕达哥拉斯看来 $\sqrt{2}$ 只是个符号，代表自乘得 2 的那个数，这很重要。正如我之前所言，我们可以画一朵花代替这个符号 $\sqrt{2}$，然后说这花的平方就是 2。传统的符号与花有什么不同吗？或许我们应该在数学里多画点花，更多花朵，更多欢乐。

现有的符号与我们的花朵之间唯一的区别就是花朵画起来不方便。事实上，我们对用来表达的符号并无兴趣，我们想要的是其平方为 2 的那个数。可惜我们无能为力，因为无论小数点后取多少位都不够。我们得写无穷位数，这样就办不到了。

西奥多罗斯（公元前465—公元前398）在毕达哥拉斯过世30年后出生，是柏拉图的私人数学教师，证明了3，5，6，7，8，10，11，12，13，14，15和17的平方根都不是有理数。柏拉图很崇拜西奥多罗斯，在对话录《泰阿泰德篇》[1]里提到了他，以及平方根是无理数的发现。关于他止步于17的原因有分歧。在对话录里，泰阿泰德仅仅告诉苏格拉底说西奥多罗斯停在这儿了。常见的说法是，西奥多罗斯画出了如今以他名字命名的三角形的螺旋，继续画下去，就能发现他停止的原因。西奥多罗斯螺旋如下图所示。

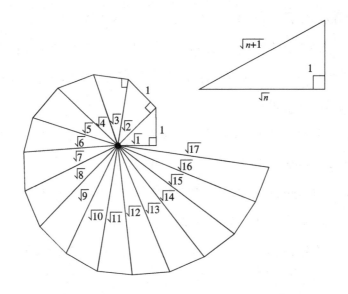

动动脑筋

1）证明3的平方根是无理数。

2）试证任何整数的平方根要么是整数，要么是无理数。（换言之，除了完全平方数4, 9, 16, 25, …以外，任何整数的平方根都是无理数。）

好啦。毕达哥拉斯断定不存在平方为2的数的时候，他是有点"过分"了。确实有平方为2的数呀，而且是无理数。尽管没法全写出来，但如今我们知道在数学里是怎么简便处理这些数了。对于数学中无理数的理论基础，主要归功于3位数学家——理查德·戴德金（1831—1916）、卡尔·魏尔斯特拉斯（1815—1897）和格奥尔格·康托尔（1845—1918）。请务必看清：处理这些数并非易事。考虑一下，例如$\sqrt{2}$和$\sqrt{3}$怎么做加法，它们两个的小数形式都是无穷不循环的呢。

怎么把

1.41421356237309504880168872420969807…（即$\sqrt{2}$）

和

1.73205080756887729352744634150587236…（即$\sqrt{3}$）

加起来？

我们在学校里学到的加法的基本原则是从最右数位开始加。但是我们找不到，因为它有无穷位呢！怎么办？我说过了，毕达哥拉斯拒绝接受无理数是数这件事并不可鄙。

很多人认为，毕达哥拉斯发现无理数乃是数学史上最重要的大发现[2]。

传说，毕达哥拉斯让门徒保守通过正方形对角线与边的关系发现无理数这个秘密，但是其中一名门徒——希帕索斯背弃承诺（是出于门规或政治原因尚不可知），将秘密公之于众。传说中还说希帕索斯被逐出门，甚至还说他被淹死在海里（他在希腊诸岛出游，终未返回）。另一个说法：其实是希帕索斯本人发现了无理数，不关毕达哥拉斯的事。

在毕达哥拉斯过世2000多年后，康托尔展示了"几乎所有"实数都是无理数。（其中包括数学上至关重要的两个数：欧拉常数 e 以及圆周长与直径之比 π。）

说明与练习

我保证过本书所用的不过是数学里基础的四则运算，但是"规矩"不破坏又有什么意思？现在到时候啦。用对数运算[3]来证明无理数最方便了。例如，

我们看 $\log_2 3$，也就是以 2 为底 3 的对数，证明一下它是无理数。首先我们假设它等于分数 m/n：

$$\log_2 3 = \frac{m}{n}$$

根据对数的定义和幂法则，能推出 $2^{m/n} = 3$，以及 $(2^{m/n})^n = 3^n$，因此 $2^m = 3^n$。

但是，2 的幂等于 3 的幂又断乎不可能：2 的幂永远是偶数，3 的幂永远是奇数。我们得出了矛盾的结果，换言之，没有这样的 m 和 n 使得

$$\log_2 3 = \frac{m}{n}$$

这意味着 m/n 不是有理数，则 $\log_2 3$ 一定是无理数。

五动脑筋题

1）证明黄金比例[4]是无理数。

2）毕达哥拉斯学派的标志是正五边形里的五角星。

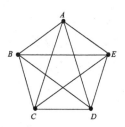

证明正五边形的对角线与边长之比是无理数。进一步证明它不是别的无理数，正是 Φ（见上题）。也就是说，正五边形的对角线与边长之比是黄金比例！

$$\frac{AC}{AB} = \Phi$$

"离经叛道"的无理数，竟然隐藏在自己的徽章里，幸亏毕达哥拉斯不知道啊！

毕达哥拉斯学派徽章的进阶版是这样的：

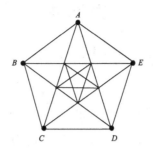

一层一层，不停进阶，永无止境！

3）0.07007000700007…是有理数吗？

4）0.123456789101112…是有理数吗？

5）由斐波那契数列（此数列从 0 和 1 开始，后一个数是前两个数之和）

0, 1, 1, 2, 3, 5, 8, 13, 21, 34, 55，…生成的数 0.01123581321345589144…是有理

数吗？

第五讲

乌龟、阿喀琉斯与飞矢——芝诺悖论

古希腊人对无穷已有很深刻的认识，并颇受其困扰，这在公元前 490 年左右出生的哲学家、数学家芝诺的著名悖论中得以诠释。他的这些工作完成于公元前 450 年前后。后人对芝诺的生平知之甚少。他一生的大部分时间应该是在家乡埃利亚度过的，虽然柏拉图在他的著作《巴门尼德篇》中告诉我们：在雅典曾有一次神秘的会面，与会者包括芝诺、巴门尼德和年轻的苏格拉底。

芝诺的著作没有流传下来，大多数的学者都是依赖亚里士多德的著作《物理学》来了解芝诺悖论的。

芝诺将他的悖论建立在他的老师、朋友巴门尼德的哲学理论之上，所以在我们学习芝诺悖论之前，让我们先了解一下巴门尼德和他不寻常的哲学。

巴门尼德的哲学理论

芝诺的老师、朋友巴门尼德的哲学思想不仅在希腊哲学中，而且在整个西方哲学史上都被认为是一种特殊的存在。唯一已知的巴门尼德的著作是《论自然》，以诗的形式写成，现只以零碎的形式残存下来。巴门尼德在书中描述了两种现实观——"真理之道"和"意见之道"。在"真理之道"中，他解释说：现实是永恒的、统一的、无穷稠密的，并且不变的。在"意见之道"中，他指出：事物表象和感官臆想是虚假和具有欺骗性的。巴门尼德的哲学理论是，感官世界都是虚妄的；而对于真实世界，人们只有通过严谨的思考才能获知其存在，它是静止的、永恒如初的。他论辩说，现在的和一秒钟前或一年前、十亿年前的真实世界，均处于完全相同的状态，而且将永远如此保持不变。

怎么可能？？巴门尼德的学说即使对他的同行（一位希腊哲学家）来说，

听起来也很是怪异。

下面介绍他哲学理论的精髓以及产生的根源。

巴门尼德想寻求一个显而易见的真理，以至于任何人都不可能对其真实性报以怀疑的态度，然后把他所有的哲学都建立在这个不容置疑的真理之上。在数学中，这样的真理被称为公理。经过几天的冥想，巴门尼德沉沉地睡着了，而在他的梦中，智慧女神雅典娜，既是宙斯的女儿，也是雅典城的守护神，入梦帮助他找到了他期盼的东西：那所是者是，所非者不是。

巴门尼德宣称，存在者存在，非存在者不存在。这种论断似乎显而易见，无错可纠。真是这样吗？让我们拭目以待。

从这个公理出发，巴门尼德继续提出了一些新的真理（用数学语言来描述，这些被称为定理）。最先提出来的是巴门尼德第一定理：存在（那所是者）是非生非灭的。

这个定理的证明几乎是显见的，可以用数学中的"反证法"给予证明：我们假设其对立面成立，即"存在"是在某个点上被创造出来的，然后检验它是否导致了逻辑上的矛盾。如果逻辑上出现矛盾，那这就意味着最初的假设是错误的，进而命题得证。

如果"存在（那所是者）"是被创造出来的，那么它一定是由"那所是者"或者"那所非者"之一创造出来的。可没有什么能从"那所非者"创造出来，因为那根本不存在。但如果"存在（那所是者）"是由"那所是者"创造出来的，那就意味着"存在（那所是者）"早已经存在了。因此，"存在（那所是者）"并非是在某个时刻被创造出来的产物。

证毕。

"存在（那所是者）"永远不会消亡的证明类似，我将之留给聪慧的读者们。

巴门尼德提出的下一个命题是巴门尼德第二定理：所有的存在都是一致的、无穷稠密不可分的。

这一定理的证明方法亦是简单得令人咋舌。巴门尼德认为，"存在"一定是无穷稠密不可分的，因为如若不然，就意味着它的内部或多或少含有"不存在的东西"。但是"不存在的东西"根本不存在。巴门尼德的"所非者不是"这一观点，一次又一次地被解释为他对虚无存在性的否定。虚无即"所非者"，因而并不存在。

　　同样，所有的"存在"都必须是无差别一致稠密的，因为如果某种"存在"比另一种"存在"稀疏些，那就意味着前者含有更多"不存在的东西"。但是"不存在的东西"根本不存在！

　　再次，证毕。

　　事情开始变得古怪了吗？让我们再看看巴门尼德更惊人的理论——蛋糕上的那颗樱桃是什么吧！

巴门尼德的伟大定理：运动是一种虚幻

　　这一命题的证明也是显而易见的——如果一切都是无穷稠密的，那么运动怎么可能发生呢?

　　很少有人否认运动的存在，但这一共识与巴门尼德的哲学毫不相干。他对存在错误可能的感官与意见的世界毫无兴趣。在他的真理世界（一个由公理和定理构成的世界）里，一切都是永恒不变的，非生非灭的。

悖论一：二分法或运动幻觉

　　回到芝诺。他写的那本书，显然是用来为他导师的哲学理论作辩护的。特别是他想证实巴门尼德关于运动不可能性的主张，也正是这一主张使巴门尼德遭受广泛非议，甚至被称为最荒谬的理论。（事实上，否定运动的存在性确实是一件极其诡异的事情。）

　　作为为导师辩护的一部分，他在书中介绍了他的几个著名悖论，这些悖论在2000多年间吸引了无数数学家和哲学家的关注，这其中就包括亚里士多德、迈蒙尼德、笛卡儿、莱布尼茨、斯宾诺莎、柏格森、罗素、刘易斯·卡罗尔、卡夫卡、萨特、黑格尔和列宁（他在黑格尔的书中读到了芝诺的悖论，其后在他的《哲学家的笔记本》一书中写道，这些悖论其实很有趣）。还有大批为芝诺悖论痴迷的名人，这里就不一一陈述了。

那么，这些悖论究竟说了些什么？

第一个悖论叫作"二分法"，这里芝诺用一种极其合情合理且富有逻辑的语言来说明运动是不可能的。

请看下方示意图。芝诺指出，为了从 A 点走到 B 点，行走者必须首先通过 A 点与 B 点的中点 C 点。而从 C 点要走到右端点 B，行走者又必须先走完剩下的半程，也就先得经过 C 点与 B 点的中点 D 点。不过，即使到达了 D 点也别高兴得太早，因为行走者必须再走完剩下的半程，到达 D 点与 B 点的中点 E 点。这个过程无穷进行下去。

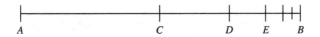

芝诺论证：在有限的时间里通过无穷个点，这是不可能的，因此没有人能从 A 点走到 B 点。（于是，我们知道了"火车从某地开往目的地需用多少时间"这一问题的答案，即火车永远无法到达目的地。）因为 A 点与 B 点的选取是任意的，所以上述论证说明从一处移动到另一处是无法实现的。这也就说明，运动是不可能的。

读者可以在很多书籍上找到阐述破解上述悖论的简单方法。解释大致是这样的：假定移动一个给定距离所需要的时间和距离成正比。下面我们给出证伪上述悖论的具体过程，因为我们能够说明在有限时间内穿过无穷个"半程"（这些"半程"的长度越来越短）是可能并可以做到的。譬如，假定从 A 点走到 C 点恰好需要一个时间单位，比如 1 分钟；那么，行走者需要 0.5 分钟从 C 点走到 D 点（因为 C 点到 D 点的距离恰为 A 点到 C 点距离的一半），需要 0.25 分钟从 D 点走到 E 点，按这个推算无穷进行下去。我们记从 A 点到 B 点走完全程的时间为 S，则：

$$S = 1 + \frac{1}{2} + \frac{1}{4} + \frac{1}{8} + \cdots$$

等式两边同时除以 2，则有：

$$\frac{1}{2}S = \frac{1}{2} + \frac{1}{4} + \frac{1}{8} + \frac{1}{16} + \cdots$$

两式做差，得到：

$$S - \frac{1}{2}S = \left(1 + \frac{1}{2} + \frac{1}{4} + \frac{1}{8} + \cdots\right) - \left(\frac{1}{2} + \frac{1}{4} + \frac{1}{8} + \frac{1}{16} + \cdots\right)$$

整理式子可以得到 $1/2S = 1$，即 $S = 2$。换言之，一个行走者从 A 点走到 B 点需要 2 分钟时间。

坦白说，我对这个结果并不感到惊奇。因为我们在一开始已经假定从 A 点到 C 点所需要的时间为 1 分钟，而此两点的距离恰为全程的一半，所以读者可以很快发现走完全程需要的时间为 2 分钟。

对于上述证明，芝诺若是知道了，势必会言辞激烈高声反驳，因为证明之始的假设就几近为我们需要证明的结论。当我们提出，"假定从 A 点到 C 点所需时间为 1 分钟"，其实就已经认定运动是存在的，所以行走者才能从 A 点走到 C 点。然而，这个假设其实基本就是我们需要证明的结论，于是证明过程进入循环论证阶段。

此时，芝诺可能会说类似下述的话以明确自己的立场："基于何种理由？你何以认定自己可以从 A 点走到 C 点？显然，你犯了一个巨大的错误，这就像夏日希腊美丽岛屿上的太阳一样清晰。你在从 A 点到达 C 点之前，必须走完半程到达 X 点（A 点和 C 点的中点），然后再走完距离 C 点剩余的半程，从而经过 Y 点（X 点和 C 点的中点），以此类推，无穷进行。你肯定清楚，在有限的时间里，不可能通过无穷多个中点。因此从 A 点走到 C 点是不可能的，这就与你刚才的假设相悖了。我相信你也能明白从 A 点到 X

点也是不可能的，因为类似的，你也必须不断地走完半程，半程的半程，半程的半程的半程，等等。事实是，从任意一点移动到任意另一点都是不可能的。换句话说，任何形式的运动甚至都不可能开始。"

那么，看起来芝诺赢了，不是吗？

你觉得呢？

悖论二：飞毛腿阿喀琉斯与蹒跚的乌龟

芝诺的第二个悖论，似乎也是他最著名的一个悖论，说的是如果在英雄阿喀琉斯与一只小乌龟之间举行一场赛跑，虽然阿喀琉斯是特洛伊战争中的飞毛腿，而参赛的乌龟只是普通的乌龟，并非特别敏捷，但只要让乌龟的起跑线稍稍前于阿喀琉斯的起跑线（即使是非常微小的差距），阿喀琉斯也永远无法赶上乌龟。这听起来是不是非常不合逻辑？下面让我们给巴门尼德的这位得意门生阐述自己观点的权利吧！

芝诺是这样解释的："当阿喀琉斯到达比赛的起跑线时，他会发现乌龟已经不在那里了。乌龟确实只往前跑了很小一段距离，但是两者的前后位置依然。阿喀琉斯仍然落后于乌龟。"

现在，我们只需要一遍又一遍地重复这个论证过程。每次阿喀琉斯到达乌龟上一个位置，他就会发现乌龟已经离开了并到达前方的另一个位置。虽然乌龟一直以缓慢的速度前行，但阿喀琉斯永远赶不上乌龟。

我认为此刻我们需要停下来，思考一会儿（甚至"两会儿"）芝诺上述论证的正确性。

假设赛道长 100 米，阿喀琉斯的速度是 10 米每秒（毕竟他是一位举世闻名的运动健将和勇猛的战士，不是吗），乌龟则以 1 米每秒的速度拖着腿缓缓向前移动（对乌龟来说，这个速度可能太快了）。为了比赛公平起见，乌龟的起跑线比阿喀琉斯的起跑线领先 10 米。

我们大家都明了阿喀琉斯会轻松赢得比赛。我们的英雄阿喀琉斯能在短短 10 秒内跨越这区区 100 米。反观乌龟，虽然它全程只需要爬行 90 米，但以每米耗时 1 秒的速度，它需要 90 秒才能到达终点。扼要概况一下结局：阿喀琉斯最先抵达终点，接过他的桂冠，向他的粉丝观众们鞠了一个躬，然后耐心地等待对手；而乌龟，大汗淋漓，在濒临崩溃之际，晚了整整 80 秒才爬到终点。

这个结果看起来毋庸置疑。但是芝诺有完全不同的看法。下面我们来听听芝诺的观点。

当阿喀琉斯到达乌龟的起跑点，即离出发点 10 米的位置时，他会发现乌龟已经不在那里了，因为它已经蹒跚前行了 1 米，现在乌龟已经到了离出发点 11 米的位置。两位选手之间的距离已经从 10 米缩减到只有 1 米，但是乌龟仍然领先。

当阿喀琉斯到达距出发点 11 米的位置时，他会再次发现乌龟并未在原地等他。在阿喀琉斯从 10 米刻度处跑到 11 米刻度处的这段时间里，乌龟已经前进了 10 厘米。（乌龟以阿喀琉斯 1/10 的速度"奔跑"，所以在阿喀琉斯跑过 x 距离的时候，乌龟跑了 x/10 的距离。）

下面这张表显示了两位"选手"同时刻下的各自前进的距离：

乌龟	阿喀琉斯
10	0
11	10
11.1	11
11.11	11.1
11.111	11.11

从表中的数据我们可以看出，随着赛事的进行，阿喀琉斯与乌龟之间的差距持续减小，但是乌龟始终领先阿喀琉斯少许。更甚者，我们可以发现，阿喀琉斯不仅追不上乌龟，他也永远到达不了 12 米刻度处。

"胡说八道！"你也许会愤然吼道，"比赛开始 2 秒后，阿喀琉斯就将跑到距离出发点 20 米处，远远领先乌龟。"这看起来显而易见，没有任何漏洞。

但少安毋躁，不管怎样，让我们再给芝诺一个申辩的机会。

芝诺的辩白

瞧，我想你完全没明白我的意思。我提供了一个如此富有说服力的论证，说明只要乌龟在比赛中被赋予哪怕是最小的优势，阿喀琉斯也将永远无法赶上乌龟。而你是想告诉我，2秒后，阿喀琉斯就会到达距离起跑线20米的位置，进而领先乌龟8米，而乌龟在这个时间里才爬到12米刻度处的位置，对吗？

首先，我没有要求你进行任何的解释，我只是请你指出我论证中的错误。这也正是你未曾做到的。

其次，虽然你行为不妥，但我仍建议综合我们双方的观点来论证。与我俩观点可能都不违背的一个论点是：我们永远无法达到2秒的时刻。我有充分的论据证明这一点。你瞧，为了经历2秒，我们先得经历其一半的时间，也就是说，我们得先达到1秒这一时刻。但在那之前，我们还得经历这1秒的一半，而在这半秒之前，我们得经历这半秒的一半（也就是1/4秒），然后，是剩下时间的一半，然后一半的一半，一半的一半的一半……

我们没有办法经历无穷多个半时刻。因此，时间不会过去，也就是说，它根本不存在。你只是过于沉浸在虚妄的感官世界里而已。

现在，请注意，我不相信阅读行为——这是感官世界中另一个普遍存在的幻觉。但是不管怎样，我读到了下面几行略有意义的话语：

时间不流逝，
我们却会消逝。是的，是我们。
我们不曾浪费任何时间，
而时间消磨了我们。

如果我们再继续谈论书籍，我知道有一个人撰写了不少书，更是阅读了海量的书，他曾出色地为我的论断辩护。

他的名字叫伯特兰·罗素，是一位英国哲学家和数学家。（当然，我知道罗素生活在我逝世 2000 多年后，但是……）

罗素被公认为是 20 世纪最伟大的思想家之一，他对我给出的阿喀琉斯与乌龟赛跑的悖论有独到的见解(顺便提一句, 时间也消磨了罗素)。罗素在他的论文《数学与形而上学》中，写下了这个悖论的一种变形，并给我冠以"无穷理论哲学之父"的头衔。尽管我有怀疑一切的习惯，也拥有怀疑一切的能力，但我相信这个头衔足以令人印象深刻。

有人说罗素变形后的悖论版本比我原来的版本更精妙，而且不容易反驳。我不认为（对于相同的悖论来说）仅比较不同版本的优劣是公平的——罗素只是"站在我的肩膀上"想出了他的版本。站在父亲的肩膀上，并不会使孩子比父亲更高。尽管如此，我确实相信：我们的悖论不是不容易证伪，而是根本无法被证伪的。

罗素是这么陈述的："设想乌龟在阿喀琉斯前方少许起跑。在任一时刻，乌龟和阿喀琉斯都会到达某一个确定的点，且在比赛过程中，他俩都不会经过任何一个位置两次。乌龟跑过了多少个位置，阿喀琉斯也跑过同样多的位置，因为每个选手都在一个特定的瞬间在一个特定的地方，在另一个瞬间在另一个地方。然而，为了让阿喀琉斯超越乌龟，必须满足这样一个条件，即乌龟跑过的位置，将只是阿喀琉斯跑过的那些位置的一部分，毕竟乌龟一开始的起跑线就已领先少许。"

现在请注意了。罗素的版本只有在你忽略掉以下公理情况下才能被证伪，即部分总是小于整体：阿喀琉斯只跑过乌龟经过的某一些位置。怎样，你还不想放弃吗？罗素指出，相信这个公理的人也必然同意：阿喀琉斯，即使他跑得比乌龟快 10 倍，1000 倍，甚至 100 万倍，只要乌龟在一开始就获得 1 米，或 1 厘米，或甚至只是 1 毫米的优势，阿喀琉斯就永远赶不上乌龟。

这是怎么回事呢？你跟上我的思路了吗？我可以告诉你，在乌龟和阿喀琉斯比赛的跑道上，有无穷多个位置点。也许，正是因为我们谈论的是无穷，我们习以为常的规则已失去了其有效性。顺便说一句，如果你还记得我的第一个悖论的话，那么整个争论都毫无意义。阿喀琉斯与乌龟甚至不能开始比赛——因为运动是不可能的。之所以做上述论证，我只是想友善地允许你做这些奇怪的假设。你甚至连让两位选手跑起来都做不到。你连发令枪都打不了。因为，为了能够扣动扳机，你的手指必须先移动与扳机之间距离的一半，然后再移动剩下的一半距离，再一半的一半……持续不断的半程下去，永无止境。

有一次我约了我伟大的导师巴门尼德会面，我却迟到了。我跟他解释说，我之所以迟到，是因为我要走过无穷多个半程点，才能走到美丽的海伦娜酒馆，与导师会面。我们都震惊于我的到来，而那一刻我们竟然正在友好地交谈。

说实话，我也不知道我为什么要不厌其烦地向你解释我的观点。正如哲学家老子所言："知者不言，言者不知。"我当属知者，所以我将言尽于此（如果可以的话）。

悖论三：飞矢不动

在芝诺的第三个悖论中，他"证明"了，因为每一个时刻都不能被再分割，所以脱弦飞出的箭矢将在任何时刻都处于静止不动的状态。（因为如果箭在任何给定的时刻是运动前进的，这将意味着这一时刻是可被再分割的。）

现在假设时间是由一系列的时刻组成的，并且箭矢在任一特定的时刻都是静止的，那么我们必然将得出结论：箭矢永远处于静止状态，因此它永远不会移动出一段距离（此处，芝诺再次让我们震惊于他卓诡不伦，我们必须准备好面对他的奇思妙想）。

在我们选定的任何时刻，箭矢必然是静止的。那么，所有这些静止不动的状态又是如何叠加出运动的箭矢呢？如果箭矢在每个瞬间移动的距离都等于零，那么所有这些零加起来又怎么可能是一个正数，箭矢又是如何飞行的呢？

这个问题并不寻常！

直到今天，这个悖论仍未完全解决；也就是说，没有一个解决方案能被所有的物理学家和数学家接受。

加朵女士的优美步态

让我们来看看这个悖论的另一个版本。设想神奇女侠的扮演者盖尔·加朵女士走在特拉维夫的罗斯柴尔德大道上。如果我说有成群的人在跟拍这位美丽的女士，并从各个角度拍摄她的照片，应该没有人会感到丝毫惊讶。不一会儿，图片分享社交应用平台上就"堆"满了数百张她的照片。在所有照片中，这位娇美的女士都在固定的位置上；也就是说，她处于静止不动的状态。这就是摄影的本质：它捕捉住了一个特殊的瞬间，并让之得以永恒。如果拍摄的画面中有什么东西看起来像在移动，那你最好把旧相机换成新款，或者仔细阅读说明书，以找到提高相机快门响应速度的方法。

因为我们可以在每一个瞬间为盖尔拍摄照片，所以她在大道上行走的每一刻都处于一种静止的状态。我们不得不问：如果她总是处于静止不动的状态，那么她到底是什么时候在行走呢？为什么在这一连串的静止不动之后却得到了运动的结果呢？再一次，我们回到了与上面同样的问题。一样的，答案还未知。

再论芝诺的悖论

童年记忆——几何课上的芝诺
（前苏格拉底时代与后苏格拉底时代的对话）

泽利亚老师：孩子们，你们都记得，过任意（不同的）两点有且仅有一条直线。

芝诺：不！不存在一条能过给定任意两点的直线，因为从任何一点运动到另一点是不可能的。我已经无数遍地阐述这个观点了。我也不明白你为什么抵触我关于从马格拉到雅典航行问题的绝妙解释——尽管距离很短，但是到达目的地需要花费无穷的时间。这也就是说，永远不可能到达目的地。你根本无法跳出一般思考模式的禁锢。

泽利亚老师：芝诺，你为一些简单直白、显而易见的事情争论不休，把所有事情都复杂化了。

芝诺：没有任何事情是简单明了的。

泽利亚老师：这话你又是针对什么而言？

芝诺：上节课，您教我们说，一条直线是由无穷多的点组成的，是不是？

泽利亚老师：是的，非常正确。

芝诺：您是不是也提及，单点的长度为零？

泽利亚老师：当然。因为如果单点的长度为某一正数，那么这个单点就可以被分割得更小，这与我们的基本假设相悖。或者说，一旦单点长度大于零，就是一条线，而非一个点。又或者说，因为任意（不同的）两点间总存在第三个点，所以单点不可能长度大于零。这是由于一旦一个点的长度大于零，那么任何长度小于这个数值的线段都不可能通过这个点。这与几何学的基本逻辑相矛盾。

芝诺：那好。您无须给出这么多佐证。我也同意单点的长度为零。我现在想问您一个小问题：既然每个单点的长度为零，那么它们又是如何组成一条长度大于零的线段的，比如长度为 17 厘米的线段？早在一年级的时候，我们就学习过，任意多个零的和还是零。所以，我再复述一遍我的问题：一组长度为零的点，是如何组成一条长度为 17 厘米的线段的？我期待这一问题的答案与解释。

泽利亚老师：我需要好好想想这个问题。我将在下节课给你答复。

芝诺：不急，我可以等。我还有一个问题，也许这个问题能帮您解决上一个问题。一个正方形是由无穷多条线段组成的，而每一条线段的面积为零。那么，这些线段何以填满一个面积大于零的正方形呢？也许您应该去找物理老师泽洛特讨论一下，用他所能理解的语言问他，设想

一个箭矢在 $t = 0$ 时刻位于 $s = 0$ 的初始位置，它是怎么可能从一个地方飞到另一个地方的呢？在任意给定的时刻，箭矢的移动距离均为零，这不假吧？人们可以拍摄箭矢的运动轨迹，当然，我知道现在我们还不会拍照，但无妨。请注意，在任何给定的时刻，箭矢都处于静止不动的状态，那么它们何以产生正距离的移动？难道时间不是由这些时刻组成的吗？又或许，如果有足够多的零，它们之和就有可能不为零？不管怎样，我打算用弹弓来检测验证我的理论。

（此时，下课铃声响起。所有的学生都欣喜若狂地从教室"奔逃"到了校园操场。老师也很快回到教员室，呷了一口大茴香酒，放松一下。只有芝诺留在教室里，仍思考着箭矢啊、弹弓啊，以及比著名的飞毛腿英雄跑得还快的乌龟。不管怎样，他很清楚自己不可能真的离开教室，因为他首先得走完全程的一半距离，然后是一半的一半……）

亨利·路易斯·柏格森（1859—1941）是一位犹太裔法国哲学家，他的工作对 20 世纪上半叶的哲学思想产生了重大影响。他坚信人类的大脑无法接受芝诺的那些悖论，未来也必将如此。柏格森认为，唯一能做的就是想出一个切实可行的方法来解答这些问题。然而其他一些法国人，他们对芝诺和他的悖论并没有多少兴致。譬如，亨利·庞加莱（1854—1912），一位伟大的数学家、理论物理学家及科学哲学家，他曾经说过：

芝诺是个白痴，只有白痴才能解决他的悖论。

英国的伯特兰·罗素不同意几位法国哲学家的观点，他在自己的《数学原理》一书中写道："芝诺的悖论是'无穷微妙和深刻的'。"

庞加莱猜想与佩雷尔曼拒奖

庞加莱猜想是 2000 年克雷数学研究所提出的千禧年七大公开问题之一。截至写作本书的这段时间，庞加莱猜想是七大难题中唯一被解决了的问题。

最终破解这个难题的是犹太裔俄罗斯数学家格里戈里·佩雷尔曼（出生于 1966 年）。因为这项成就，佩雷尔曼本应该被授予菲尔兹奖，并获得克雷数学研究所提供的奖金为 100 万美元的千禧年数学大奖。此处，我用"本应该"一词，是因为佩雷尔曼拒绝了这个奖项。他为此解释道："我对金钱和荣誉毫无兴趣。我认为证明的正确性才是唯一重要的事情。"[1]

他甚至至今仍未将他的证明公开发表在任何同行评价的杂志上，而已有其他数学家对他在预印本文献库上发表的文章进行检索并引用。

实际上，佩雷尔曼在他的学术生涯中曾多次拒绝荣誉或奖项。他拒绝接受欧洲数学学会颁发的杰出青年数学家奖，因为他认为颁发奖项的人并不能真正理解或赏识他的工作。

37 岁时，佩雷尔曼辞掉了数学研究所的工作。如今，他待业在家，与母亲隐居在圣彼得堡。

从芝诺到牛顿，从伽利略到佩雷尔曼，这些伟大的数学家在很大程度上不同于常人。也许这也正是他们能成为数学巨匠的原因。

下面让我们回到之前的话题。

故事时间——阿喀琉斯被淘汰

阿喀琉斯输给乌龟之后，他决定开始一个强化训练计划。阿喀琉斯来到了奥林匹克体育场，绘制了一条跑步训练路线——从某个 *A* 点跑到 *B* 点。但此时，无穷多位神灵前来捣乱。第一位神计划阻止阿喀琉斯跑完前半程，第二位神计划阻止阿喀琉斯跑完 1/4 的路程，第三位神……1/8 的路程，……。

动动脑筋

设想这些神灵可以为所欲为,那么阿喀琉斯就不可能往前跑出哪怕一步。

动动脑筋续篇

如果你的结论是阿喀琉斯甚至都无法运动,那么理由何在呢?只要阿喀琉斯站在起跑线上,那么就没有任何一个神灵可以来阻挠他。这么说来,又是什么或是谁阻止了这位(几乎)无敌的战神前进呢?[2]

间歇跑竞赛

想象一下,若我们在阿喀琉斯与乌龟的比赛中做一个小小的改动。每次阿喀琉斯到达乌龟上一时刻所处的位置时,两位选手都停下来休息一分钟(我想乌龟其实亟须休息)。在此规则下,阿喀琉斯在无穷多分钟后才能追上乌龟,也就是说阿喀琉斯永远无法追上乌龟。

英雄陨落

间歇跑竞赛的第二天,极度伤心失望的阿喀琉斯决定,无论如何他还是得坚持训练。他计划在下午 2 点钟开始锻炼。下午 1 点 59 分时,阿喀琉斯到达了体育场。此时奥林匹斯山上的诸神正准备他们神圣的午休,他们被阿喀琉斯制造出来的喧嚣声打扰,怒不可遏的诸神决定用一只毒箭射击阿喀琉斯的脚踵,这也是他身上唯一的软肋,以结束阿喀琉斯的生命。第一位神灵计划在下午 2 点过半分钟(1/2 分)时射杀阿喀琉斯,第二位神灵计划在另一个时间——2 点过(1/4 分)时射杀他,第三位神灵计划在 2 点过 1/8 分钟时做这件卑鄙的事情,依此类推。

下午 2 点过 1 分钟时,阿喀琉斯倒在了地上——英雄陨落,他的脚后跟上插着无数根毒箭。然而,他的死无法归咎于任何一位神灵。每一位参与的神灵都有一个完美的、一致的借口:"当我向阿喀琉斯射箭的时候,已经有无穷支箭射进了他的脚踵，那时阿喀琉斯早已死亡。我承认射杀尸体不是一件好事，但这和控诉我谋杀还有很大差距。"

现在，我们不得不问，到底是谁射杀了阿喀琉斯？又是在何时？

太空中的数学

读者可能已经注意到，一旦我们开始涉及诸如零和无穷大这样的概念，许多平日里看似"正常"的定律就都不再适用了。下面我将给读者介绍一个著名的思想实验，叫作"宇宙飞船"。

试想一下，如果一艘宇宙飞船按照以下规则飞行，会发生什么情况：在最初的半小时内，飞船以每小时 2 千米的速度飞行（对于宇宙飞船来说，这个速度确实相当慢）。下一个一刻钟内，飞船稍微提速一点——每小时 4 千米。在接下来的 1/8 小时里，飞船以每小时 8 千米的速度飞行，以此类推。试问，一小时后飞船会到了哪里？

计算并不复杂。在开始的半小时里，飞船以每小时 2 千米的速度飞行，将飞出 1 千米的距离。在接下来的一刻钟里，飞船以每小时 4 千米的速度飞行，也将飞出 1 千米的距离。然后继续下去：下一个一千米，再一千米，又一千米……显而易见，飞船飞行的距离是一个求和式：$1 + 1 + 1 + \cdots$。但是，此式中我们需要对无穷多个 1 求和，也就是说这个结果是无穷大。那么宇宙飞船最后停在哪儿了呢？貌似它无处可待，因为它飞到的位置，将离出发点有无穷大的距离。设想如果飞船最后停在宇宙中某一个位置，那么这个位置与飞船的出发点间就有一个确定的距离，这个距离就不能是无穷大。所以飞船到底去哪儿了呢？无人得知。至今人们还在搜寻这艘飞船。

无穷大并不存在于直线之上。

——乔治·黑格尔

口算证明

下面我们口算证明下面的和式：

$$\frac{1}{3} + \frac{2}{9} + \frac{4}{27} + \frac{8}{81} + \frac{16}{243} + \cdots = 1$$

《项狄传》（谨以此献给阿喀琉斯，纪念逝去的英雄）

我读过的最为疯狂、最为离奇的故事之一，是 18 世纪出生于爱尔兰的英国作家劳伦斯·斯特恩写的《绅士特里斯特拉姆·项狄的生平和见解》（简称《项狄传》），此书于 1759 年至 1766 年陆续出版，共 9 卷。

从书名可以大致猜测，书中的主人公将向读者展示其翔实的人生故事以及其深刻的思想和见解，但事实并非你所料想。

此书共分 9 卷，书中一件极其荒诞的事情是，主人公生活中的任何事情都不能简单地被描述清楚，因为每一件与该事情哪怕只有一点点关联的小事都必须被讲述出来。直到书的第三卷，读者才盼来了主人公出生的那一刻。

项狄抱怨说，向大家描述他生平某一天的经历就需要整整一年的时间。伯特兰·罗素曾指出，如果这位先生能活无数天，那么他将不会再有任何困难来讲述完他一生的故事。这是真的吗？一方面，他生命中的每一天都终将在某个时间被讲述出来，他可以在 1 万岁那一年叙述他第一万天的经历。另一方面，每过一天，他现实生活的时间就比书中描述的生活的时间又多了近一年。这个过程呈现给我们一个类似于阿喀琉斯与乌龟赛跑的模式，阿喀琉斯跑了一年，乌龟只跑了一天，但是因为他们有无穷的时间可以支配，乌龟最终会到达阿喀琉斯所到达的每一个地方。

无穷与超越：永无止境的旅程

　　从远古时代开始，没有任何问题能像无穷那样深深地触动人的情感。显然，别的概念都不如无穷能如此激励人们运用理智产生富有成果的思想，然而也正是因为这个原因，它比其他任何概念都更需要加以阐明。这是20世纪伟大的数学家大卫·希尔伯特（1862—1943）在他题目为《论无穷》的讲演中所说的。如果你仔细阅读手中这本书的第一部分，你会发现"无穷"确实是颗闪耀的明星——数字王国是一个无穷的王国，许多甚至大多数谜题和玄妙的知识，直接或间接地与无穷这一概念相关。

　　数学是无穷的科学。

——赫尔曼·外尔

第六讲

格奥尔格·康托尔的无穷大王国——集合论

痴迷始于第三次课

在我大学第一年的数学学习中，最让我着迷的科目是"集合论"。这个名字取得毫无吸引力，甚至都没有诠释出课程的主要内容。这门课在一开始同样显得很枯燥：都是一些让人摸不到头脑的定义、公理及它们之间的关联。然而，在两节课之后我突然对之改观，我意识到这门课实际上应该被称为"无穷集合论"。因为它无视近代科学之父伽利略·伽利雷的告诫，讨论的是无穷集。此外，课程对于无穷集的讨论并没有任何形而上学或神学的色彩，其中一些，比如康德的"二律背反"理论、库萨的尼古拉的哲学思想，或者乔达诺·布鲁诺的世界观（他深受库萨的尼古拉的影响）都曾深深地启迪过我。但是现在一切都不同了，集合论让我感觉到，一些不同寻常的奥秘正在一点点地被揭开，并即将惊现。

我已故的老师莫迪凯·爱泼斯坦（我受益于他良多）以一种最为动人、最发人深省的方式为我们介绍了集合论及其主角——无穷大，整套理论以极为严谨而纯粹的数学方式探讨了无穷集。学习后，我惊奇地认识到无穷大与无穷大之间也是可以相互比较的——存在更大的无穷大和更小的无穷大。事实上，有无穷种不同的无穷大！至此，我开始沉迷于斯。

那又是怎样的一位奇才能如此透彻地分析无穷集，以至于他能意识到无穷大与无穷大之间是有区分的？这个人就是格奥尔格·康托尔，而他发展、完善的集合理论，通常被称为"康托尔集合论"，人们以此理论来纪念他的突出成就。

格奥尔格·康托尔——洞察无穷大的奇才

格奥尔格·康托尔于 1845 年出生于圣彼得堡，1862 年在苏黎世大学开始了他的学术生涯。一年后，他的父亲去世，留给他一笔不小的遗产，之后康托尔转到了柏林大学学习数学、物理和哲学。1866 年的夏天，康托尔是在当时最重要的数学中心——哥廷根大学度过的。（在第二次世界大战之前，这所大学一直是无可争辩的世界数学中心和数学人心目中的圣地。）1867 年，康托尔因为他在数论方面的工作，获得了柏林大学的博士学位。此后，康托尔曾在城里的一所女子学校短暂任教，后来去了哈雷大学工作，直到暮年。1872 年，康托尔遇到了理查德·戴德金，此后两人结缘成为挚友，常书信往来讨论数学问题。

1874 年，康托尔完成了人生中的两件大事。一是他的婚姻，结婚后康托尔有了 6 个孩子。二是他发表了一篇关于无穷集的革命性论文《关于实代数数的典型性质》（标题的德文是 *Über eine Eigenschaft des Inbegriffes aller reellen algebraischen Zahlen*）。该论文的标题对读者并不是很"友善"，即使我把标题翻译成了英文，读者也并不会对此文的内容能有更多的了解。然而，毫无疑问，这篇论文开启了集合论研究的序幕，它在之后的 25 年时间里，一直是集合论研究的基石。

这篇论文首次提出了可能存在不止一种无穷大的观点，尽管该论文受到利奥波德·克罗内克（1823—1891）的尖锐批评，最终还是发表了。克罗内克曾是康托尔的恩师，是当时一位非常有影响力的数学家。但是，克罗内克在学术和个人层面上都不赞同康托尔，甚至对他人身攻击，称他为"数学骗子"和"年轻人的腐蚀剂"。（我们不可能不记得，苏格拉底也受过这样的侮辱。所以，也许这是一个好的暗示。）

> 我不知道在康托尔的理论中占主导地位的是什么——哲学还是神学，但我确信，那里没有数学。
>
> ——利奥波德·克罗内克

克罗内克指控康托尔把神学引入数学讨论，我不明白为什么他确信自己这种行为是合理的，但不要忘了，他自己最为世人熟知的一句名言就是：

> 上帝创造了整数，其余都是人做的工作。
>
> ——利奥波德·克罗内克

克罗内克并不是唯一对康托尔批评发难的数学家。如果你还记得的话，法国数学家庞加莱，他嘲讽了芝诺的悖论和任何与之有关的人，他也强烈反对康托尔的集合论思想。庞加莱认为康托尔的集合论是一种疾病，破坏了数学世界的合理秩序。

实际上，瑞典数学家马格努斯·古斯塔夫·米塔格·勒夫列尔（1846—1927）很欣赏康托尔的集合论思想，但他认为这些思想超前于他们生活的时代，应该在一个世纪后再出版。对此，康托尔回应说，在他看来，等待百年是一个"过分的要求"。康托尔生性敏感，对于任何批评他和他理论的言行都看得很重。1884 年，他第一次患上了严重的抑郁症。

坊间传闻，诺贝尔奖没有数学奖项一事背后的罪魁祸首是米塔格·勒夫列尔。其间各种谣传：诺贝尔爱上了米塔格的妻子，或者诺贝尔的情妇背叛了他，转投米塔格的怀抱。也有一种说法，没有诺贝尔数学奖的原因是阿尔弗雷德·诺贝尔出于某些个人原因鄙视米塔格·勒夫列尔。

康托尔处理这场情感危机的方法相当独特，这似乎也比较适合他这样一个奇才：他决定暂时放弃数学研究，转而关注伊丽莎白时期的文学。为此，他投入了大量的时间和精力，不遗余力地试图证明英国哲学家兼政客弗朗西斯·培根是莎士比亚戏剧的作者。在 1896 年和 1897 年，康托尔确实也写了两篇关于这个问题的论文。

在大自然的奥妙之书中，

我只读懂了其中的少许。

——威廉·莎士比亚

康托尔对莎士比亚戏剧的专注缓解了他的病情，康复后他回归到自己真正的使命——无穷集理论的研究。1891 年，他发表了一篇重要的论文，提出了一个极其美妙卓绝的论证思路，该理论今天被称为"康托尔的对角线论证法"（下面我们很快就会用到它）。

然而，康托尔敏感、情绪易波动的状态并没有让他从此平静下来。1899 年，他住进了医院。同一年，他的小儿子突然夭折，他的抑郁症逐渐变成了慢性疾病，康托尔对数学和无穷大理论研究的兴趣几乎被消磨殆尽。1903 年，他再次入院。

一年后，一件大事发生，根据康托尔的传记作者——历史学教授约瑟夫·W. 道本所述，此事对康托尔的打击大到让他怀疑上帝的存在。这里值得一提的是，康托尔一直信奉他的无穷集理论来源于上帝的启示，而他的任务就是把它传递给普通人。下文中我将简述事情的梗概。[1]

19 世纪 90 年代末，康托尔和德国数学家菲利克斯·克莱因振臂一呼，极力促成了第一届国际数学家大会的召开。克莱因甚至还依照马克思的风格写了一句口号：全世界的数学家们，团结起来！直到今天，国际数学家大会还是世界上最重要的数学盛典，在每届大会的开幕式上会颁发著名的菲尔兹奖和高斯奖。

第一届国际数学家大会于 1897 年在苏黎世召开。第二届于 1900 年在巴黎召开，在此次会议上，大卫·希尔伯特提出了著名的 23 个问题。（第一个问题就与连续统假设有关，该假设是康托尔在 1878 年提出的，我们即将讨论之。）

设想我们现在身处第三届国际数学家大会现场，也就在 1904 年的海德堡。

康托尔和他的女儿们正端坐在观众席里，此时上台演讲的是匈牙利数学家久拉贡，他宣称康托尔的集合论存在基本性错误。康托尔在女儿和同事面前受此羞辱，精神上大受刺激。事实上，久拉贡的演讲忽略了最基本的数学原则：精确性。就在他报告后的第二天，集合论的创始人之一——数学家恩斯特·泽梅罗[2]就断言久拉贡的论述是错误的，纯属痴人诳语。但这一反驳，丝毫未减轻康托尔受到的伤害。

康托尔于 1913 年从大学退休，在第一次世界大战期间他一贫如洗。1918年，康托尔逝世于哈雷的一家疗养院。

在 20 世纪初始，学术界对于康托尔集合论的重要性和准确性，仍然存在尖锐的分歧。然而，在 1904 年，康托尔被授予西尔维斯特奖章，这是英国伦敦皇家学会授予数学家的最高奖项，并以英国数学家詹姆斯·约瑟夫·西尔维斯特的姓氏命名。不过讽刺的是，前一位获奖者是康托尔的"死对头"：亨利·庞加莱。

> 数学是逻辑的乐章。
>
> ——詹姆斯·约瑟夫·西尔维斯特

在康托尔最狂热的崇拜者中，有伯特兰·罗素（1872—1970）[3]和大卫·希尔伯特，后者称康托尔的集合论是"数学天才和人类纯粹思维活动的最伟大成就"。

> 没有人能够把我们从康托尔为我们创造的乐园中驱逐出去。
>
> ——大卫·希尔伯特

> 康托尔的乐园是个愚人的乐园。他的理论荒谬绝伦。
>
> ——路德维希·维特根斯坦

（显然，有时即使是伟大的哲学家也会胡诌。）

康托尔的辩白

吾之理论坚如磐石，每一支妄图射击它的箭矢都会即刻无功而返。汝问吾何以知晓？皆因吾已对其方方面面摸索数载，亦因吾已对各种反对之论驳斥殆尽。当然，至关重要的一点是，吾遵循了问题的本源；亦或者说，遵循了世间万物创始之初的第一绝对真理。

——格奥尔格·康托尔

康托尔集合论的重要性对几乎所有学习高等数学的人来说都是显而易见的。现代集合论正是在他的开创性工作的基础上进一步完善而来的。集合论是 20 世纪发展起来的一大批数学理论的基石。

现在，是时候去真正见识一下格奥尔格·康托尔的集合论了。

集合论导论：何为集合？

在本节与接下来的几节中，我们将尝试去探究康托尔集合论的核心思想。首先，我们了解一下其中最基本的概念——集合。那么，何为"一个集合"？

在最初的朴素集合论中，数学家们给出了如下很直观的概念：

集合，即为一系列事物的全体。

这个概念定义得非常笼统。它甚至没有定义这些构成集合的元素之间需要有任何的共同点。因此，毫无疑义，随着时间的流转这个"粗糙"的定义引发了一系列问题。

那么，我们该如何定义集合呢？一种方式是罗列出其中的所有元素。譬如，$A=$\{Gustav Mahler，Gustav Klimt，Gustav Eiffel，Gustav Holst，Gustavo

Dudamel，Gustave Doré，Gustavo Boccoli，Gustave Courbet，Hurricane Gustav，Gustaf of Sweden}。这个集合恰好含有 10 个元素，其共同之处是：均含有一个形似 "Gustave" 的词条。

其实定义并不要求所有的元素都要有共同点。如：B={1729，a，4，{4}，Pushkin，Pushkash，\$，set}（这个集合就只由 8 个看似随机的元素组成）。

辨别一个事物是否在一个给定的集合中才是重要的。瑞典数学家马格努斯·古斯塔夫·米塔格·勒夫列尔并不是集合 A 的元素，尽管他的姓名中包含了一个 Gustave 的词条，因为他并未被定义在此集合中。但是美元符号（\$）是集合 B 的元素，因为它在集合 B 中被罗列了出来。

这种方法——也就是，罗列出所有元素并不是一种非常令人满意的集合定义方式，比如，对于所有偶数的集合，罗列法就不可行。此时，一种改进的方法是使用省略号。这样，所有偶数的集合可以表示为 E={2,4,6,8,…}。然而，此法亦有不妥之处，省略号所隐藏的"规则"并不总是对所有人来说都是显而易见和清晰明确的。例如，三角数的集合：T={1,3,6,10,15,…}。（这里，用 T 记这个集合也是为了给读者提供一个额外的提示，但并不是每个人都能看出来的。）那些不熟悉三角数概念的人，可能会各种猜测这个数列将如何继续下去。

当然，并不总是这样。例如，F={1,3,9,33,153,…}。省略号处本该是哪些元素呢？你猜到了吗？

答案如下：

$1! = 1$

$1! + 2! = 3$

$1! + 2! + 3! = 9$

$1! + 2! + 3! + 4! = 33$

$1! + 2! + 3! + 4! + 5! = 153$

由此规律推算，下一个数将是 $1! + 2! + 3! + 4! + 5! + 6! = 873$

依序无穷排列下去。

另一种定义集合的方法是描述出集合中所有元素的公共属性。譬如，"过去或现在效力于 NBA 的所有球员的集合""宇宙中所有原子的集合""素数集合""心情愉悦之人的集合""所有不能表示为两个素数之和的偶数的集合""一组大于自身的数字的集合""超过 250 公斤的相扑选手的集合""安德烈·塔尔科夫斯基执导的所有电影的集合""阿尔谢尼·塔尔科夫斯基的诗歌集合""一组有趣数字的集合"等。（诗人阿尔谢尼·塔尔科夫斯基是伟大的俄罗斯电影导演安德烈·塔尔科夫斯基的父亲。）

如您已知的，习惯上用大写的拉丁字母 A, B, C, D，…来表示一个集合。

符号 ∈ 表示一个事物属于给定的集合。例如，如果我们用 "F" 表示费里尼执导的所有电影的集合，那么我们可以用 Amarcord $\in F$（Amarcord 中文译为阿玛柯德）表示电影《阿玛柯德》属于这个集合 F。属于符号上划一道斜线，表示一个事物不属于给定的集合。例如，Avatar $\notin F$（Avatar 中文译为阿凡达）表示电影《阿凡达》不属于集合 F。

在康托尔集合论中，一个事物只可能存在两种情况：属于给定集合或者不属于。但是设想一下，对于某些集合，譬如，所有高个子组成的集合，此时我们就很难确定该集合中的元素。1965 年，美国犹太数学家、计算机科学家拉特飞·扎德（1921—2017）提出了一种更灵活的集合定义方法，称为"模糊集合论"。模糊集合论的基本思路是，对于任何一个事物，可以赋予其是否属于给定集合这一事件一个特定的概率，值介于 0（肯定不是）和 1（肯定是）之间。而传统的集合论方法只用了数字 0 和 1。例如，拿破仑和丹尼·德维托成为高个子集合中的一个元素的概率为 0，勒布朗·詹姆斯成为高个子的概率为 1，而本书作者成为高个子的概率为 0.07。

一个偶然的机会，我读到了巴特·卡斯科的《模糊思维》。此时，我才开始接触到模糊集合论。从看到"有一天我发现科学并不是真理"这句话开始，我就深深地喜欢上了这本书。此书的精华——作者花了 300 页的篇幅进行精彩辩护的内容，即：世间万物并不是非黑即白的。相反，所有的事物都有其多面性。只有在经典数学中，事物才是绝对确定的，但是经典数学并不能准确地描述清楚世界。

下面是阿尔伯特·爱因斯坦对上述思想的总结，比我的陈述更精准到位，故引用之：

当数学法则适用于现实时，它们的确定性是丧失的；
一旦它们确定无疑，它们就将背离现实。
就数学是关于现实的而言，它是不确定的；
就数学是确定的而言，它不是关于现实的。

让我们回到康托尔的集合论。

考虑所有不能写成两个素数之和的偶数组成的集合，它含有多少个元素呢？希望大家还记得著名的哥德巴赫猜想，它声称没有这样的数字。换句话说，如果猜想成立，此集合中没有一个元素。这样的集合称为"空集"，用符号 Ø 表示。

我们可以说，所有不能写成两个素数之和的偶数集合，大概率意义下是一个空集，并不能绝对肯定这就是事实。而比自身大的一组数字构成的集合与会说意第绪语的刺猬组成的集合，肯定是空的。

那么接下来，灵活一些，我们对于一个元素是否属于给定集合的判定也许有可能类似于模糊集合论，但到目前为止，我们还没有看到任何特别不寻常的原因阻挠我们将集合就定义为一系列事物的全体。此外，我还要指出，最初是康托尔本人给集合下的类似定义。

然而，在数学的世界里，几乎没有什么是真正简单和不证自明的，若有也只是有时候第一眼误判而已。

"显而易见"是数学论证中最危险的词。

——埃里克·坦普尔·贝尔

事实证明，把集合直观地定义为一系列事物的全体，存在诸多的逻辑陷阱。举一个例子，我将向大家叙述德国数学家、逻辑学家和哲学家戈特洛布·弗雷格（1848—1932）的痛苦经历。

1902 年，弗雷格的不朽著作《算术的基本规律》（标题德文是 *Grundgesetze der Arithmetik*）第二卷付印在即。在这本书中，他展示了如何利用康托尔的集合论——仅仅使用康托尔给出的集合的朴素定义来重新构筑逻辑主义算术理论体系。6 月 16 日，弗雷格收到了一封来自伯特兰·罗素的信，读后弗雷格意识到，他著书的理论根基动摇了，他苦心构筑的"算术大厦"即将倾覆。信中罗素提出了一个悖论，此悖论是罗素发现的，折磨了他本人一年时间，后来这个悖论变得非常有名，被后人称为"罗素悖论"。

罗素悖论——刮还是不刮？

罗素悖论有很多版本，其中最著名的是"理发师悖论"。

爱德华住在英国一个偏远的小村庄里，他的职业是理发师，以极度迂腐著称。几年前，当他开办自己的理发店"剪刀手爱德华"时，他宣布了一条规则：他要给村里所有不自己刮胡子的人刮胡子，而且只给他们刮。

第一天一切井然有序。有些人自己刮胡子；另一些人，他们来到爱德华的理发店，想要依靠理发师娴熟的技艺把脸刮得更干净光滑。第二天，爱德华发现自己的脸颊和下巴上也冒出了胡茬，他随手拿起了剃刀。然而，就在这一瞬间，古板的理发师突然意识到，由于他自己之前强加的规则，现在他已处于两难的窘境。

根据规定，他只能给村里不给自己刮胡子的人刮胡子。那么，他可以给自己刮胡子吗？刮还是不刮？这就是问题所在。

113

请注意，如果他给自己刮胡子，那么他就违背了规定，因为他给自己刮胡子的人刮了胡子；但是如果他不刮自己的胡子，那么他就是一个不刮自己胡子的村民，这样的人必须由他来刮胡子。

罗素悖论是一种被称为"恶性循环"原理下的产物。基于这个原理（假设你想要避免这样的矛盾），一个集合若包含一个可以用该集合本身的定义来描述的元素，那么就会有类似的问题出现。

关于这个悖论的有趣分析出现在雷蒙德·斯穆里安的书《爱丽丝漫游谜题王国：一个给八十岁以下儿童的卡罗式的故事》中（蛋头先生向爱丽丝解释了这个悖论）。斯穆里安的结论是：理发师悖论相当于宣称"我认识一个又矮又高的人"。

罗素悖论还有另一个版本。一个图书管理员决定为图书编制两种书目：一种归为黄色标记书目，被称为"提及自身的黄标书目"；另一种是"不提及自身的蓝标书目"。图书管理员一本接一本地检查图书馆里的每一本书，然后把书名录入黄标书目手册或蓝标书目手册中。后者数量巨大，前者则很少，因为大多数书都没有在书中提及自己。现在图书管理员只剩下最后两本书要分类：黄标书目手册与蓝标书目手册。黄标书目手册既可以录入自身册子里（这意味着它是自引用的，符合规则）也可以录入蓝标书目手册里（这样的话，黄标书目手册就不是自引用的，也符合规则）。但是如何处理蓝标书目手册呢——那个列出了所有不提及自身的书的书目手册？如果它被录入自身册子里，这意味着蓝标书目手册自引用，按规则它不应该在蓝标书目手册中。如果它被录入黄标书目手册中，那么蓝标书目手册并没有在书中提及自身……所以它不应该被录入黄标目录手册中。很明显，我们陷入了僵局。不管怎样处理蓝标书目手册，我们都违背了规则。

我可不想加入一家接收像我这样的人作为其成员的俱乐部。

——格劳乔·马克斯

两类集合

让我们回到手头的问题。现在有两类集合，第一种被称为"标准集合"，这些集合并不以自身为其元素。比如，所有兔子组成的集合就是这种类型集合的一个例子，因为这个集合不是一只兔子，所以它本身并不是它的一个元素。

所有"非兔子"的事物构成的集合是第二种类型的，即它们自身可以作为元素。"非兔子"的事物构成的集合，亦非兔子。同样的，"用 11 个词精确描述的对象组成的集合"（英文原文"sets of objects that can be described in exactly eleven words"，恰好 11 个词）也是第二种类型的。这些集合有一个不寻常的共性，即它们自身满足其集合定义的公共属性。举个例子，考察一下由所有能想到的想法构成的集合，此集合自己就是它的一个元素——显然，所有能想到的想法构成的集合也是一个想法。为了纪念罗素，习惯上用字母 R 来表示第二种类型的集合，也就是说，任何包含自身作为一个元素的集合被称为"R 型集合"。每个集合必须要么是标准集合要么是 R 型集合，这意味着，任何给定集合不能同时既是标准集合又是 R 型集合。

但事实真是如此吗？

我们来考察一下由所有标准集合为元素组成的集合，记这个集合为 M。我们震惊地发现：集合 M 既不是一个标准集合，又不是 R 型集合。下面我给出解释。

如果 M 是一个标准集合，那么它必须作为一个元素包含在标准集合（类）M 中，但这就意味着 M 是 M 的一个元素，因此 M 不能是标准集合，M 是一个 R 型集合。此为一个矛盾。

另一方面，如果 M 是 R 型集合，这意味着它不属于"标准集合"构成的集合（类），但 M 就是"标准集合"构成的集合（类）！我们再一次得到了矛盾。

综上所述，康托尔最初用自然语言对集合给出的"直观"定义——被称为"朴素集合论"可能导致无法解决的悖论。因此，今天我们使用其他方式定义集合。

从这一切我们可以得出以下结论：

1）对集合概念随意使用直观的定义方式，可能导致不必要的悖论。

2）不应该制定公众无法遵从的规则。

3）所有"非兔子"的事物构成的集合太大而无法讨论。

两段题外话：一段简短，另一段略长

1. 由于我对意大利的感情深厚，我忍不住要提一下，意大利数学家塞萨尔·布拉里-福尔蒂（1861—1931）曾在1897年发现过类似于罗素悖论的理论。他参与了集合论的研究，并考察了"所有序数构成的集合"这一概念。

2. 法国哲学家让·布里丹在14世纪也提出了一个与罗素的理发师悖论非常相似的理论。在《诡辩》的第八章——题为"不解之谜"中，布里丹陈述了如下轶事：

柏拉图要求他的门徒守在桥上，不允许任何人未经他的允许过河。有一天，苏格拉底来到桥边，要求柏拉图让他过桥。柏拉图不喜欢他老师——苏格拉底的语气，并对他说："如果你说的第一句话是真的，我就让你过去；但如果你说的第一句话是谎言，我发誓我会把你扔进汹涌的河水中。"苏格拉底想了一会儿说："你会把我扔进河里的。"

我们来看看到底发生了什么。如果柏拉图把苏格拉底扔进河里，那么苏格拉底说的是实话，所以柏拉图不应该把苏格拉底扔进河水里，他应该让苏格拉底过桥。另一方面，如果柏拉图让苏格拉底安全过桥，那么苏格拉底撒谎了，因此柏拉图应该把他投入河流的漩涡之中。

布里丹就讲到了这里。

顺便说一下，在《堂吉诃德》第二卷第51章，也出现了一个几乎相同的悖论，在桑丘·潘萨被任命为巴拉塔里亚岛的总督之时。你也许想暂时从数学中解脱出来，读读这美妙的一章。那么请好好享受这一章的故事吧！

第七讲

希尔伯特的大酒店——英菲尼迪（Infinity）

在距离地球数千光年的比邻星——英菲尼迪星球上，有一个后现代建筑奇观——一座根据数学家大卫·希尔伯特的理念建造的酒店。酒店以他的名字命名，是豪华的希尔伯特连锁酒店的一家分店。酒店的每一层都有一间单人套房。酒店有无穷多个房间，但酒店的总高度只有 1 米。芝诺有限公司承建的该酒店：它们把酒店第一层的高度建为半米，第二层是 1/4 米，第三层是 1/8 米，依此类推，直到无穷层。读者不妨试着鸟瞰这家酒店，感受一下它的独特。

房间的大小并不会影响老主顾们的光顾，他们分别是自然数：1，2，3，4，5，6，…。每个数字都占据其对应的楼层。平时该酒店总是客满。所有的酒店员工都住在邻近大楼的休息室里，包括接待经理欧米茄、前台接待员艾普斯隆以及两位女服务员希格玛和拉姆达姐妹（希格玛负责奇数号房间，拉姆达负责偶数号房间）。

某天，数字 0 来了，向前台接待员艾普斯隆询问是否有空房可以入住。艾普斯隆满怀歉意地告知他，酒店已经客满，根本无法再安排。艾普斯隆还好心提醒道："要在我们酒店订到房间，你必须得提前很久预订。要知道，我们被授予五星级酒店并不是没有原因的。"

不过，我们的客人很幸运。此时，接待经理欧米茄来了。他训斥了前台接待员，并向 0 解释道，如果酒店只有有限个房间，那么在客满的情况下，当然没有可能再安排新的客人入住。但英菲尼迪大酒店拥有无穷多的房间，这个问题就可以很简单地解决了。

说完，欧米茄就通过酒店广播台播报道："亲爱的客人们，烦请各位都搬到自己上一层的房间居住。"所有的数字都非常配合欧米茄的指示。于是，数字 1 搬到了酒店的 2 层，数字 2 搬到了酒店的 3 层，数字 3 搬到了酒店的 4 层，以此类推。这样，第一层就空了出来，数字 0 可以住进去了。

"请明晰我刚才的安排！"欧米茄对惊讶不已的艾普斯隆说道，"我相信，如果将来再有有限个新的客人前来投宿，你自己就能安顿好他们。"

"那是当然！"艾普斯隆回答道，"如果再有 1000 名新的客人，我会通知各位房客搬到新的房间，新房间的房间号比原房间的房间号大出整整 1000，这样就能腾出 1000 个房间给新来的客人。

欧米茄听后，满意地去忙其他工作了，但平静马上被一阵急切的电话铃声打破。拿起话筒，在电话的另一端，她听到了数字 13 的咆哮声。

"你们酒店的价格高得太离谱了，"数字 13 说道，"一晚 1000 个 CS 币（宇宙谢克尔），这简直就是抢劫。即使你只收半个 CS 币，你的总收入也不会改变——无论如何，你的总收入都是无穷大。"

"很抱歉，我不能把价格降那么低，"欧米茄回答说，"仅仅是每个房间的日常维护，每天就要花费 20 个 CS 币，还有艾普斯隆、希格玛和拉姆达的工资呢？"

"那没问题，"数字 13 接着说道，"即使每天每个房间的花费是 500 个 CS 币，你每秒钟付给员工 70 个 CS 币，你仍然可以向每位客人只收取每晚半个 CS 币的住宿费，同时每天付给自己 10 亿 CS 币。"

"这怎么可能？"欧米茄惊呼。

"非常简单。虽然你的开支是无穷大，但你的收入也是无穷大。你可以随时从收入中拿出 10 亿 CS 币，你剩下的仍然是无穷大，你可以收支平衡。我有位富翁好友，他拥有一张面值为无穷大 CS 币的钞票。我有一次看到他买了份报纸，用这张钞票付款。你知道他换了多少钱回来吗？他拿回了原来的那张钞票！因为报纸的价格是 2CS 币，而无穷大减去 2 仍然是无穷大！就这样，他到哪买东西都如此，就是他总能免费买任何东西。现在，让我们回到我们的问题。即使你把每个房间每晚的价格都降到1/1000个CS币，实际上也不会有任何影响。即使价格是万亿分之一CS币，也亦然。

"嗯……"欧米茄呢喃道，"你说得很有道理。听起来也很有趣……我保证我会考虑你的建议。顺便提一句，如果我有一张无穷大面额的钞票，我将立即办理退休。因为此时我们不得不面对这样一个事实，那就是不管我再多挣多少钱，都不会再增加任何一点财富。

突然，一条信息跃入欧米茄的计算机屏幕，打断了他幻想赚得盆满钵满马上退休的白日梦。信息的内容是这样的：

致希尔伯特英菲尼迪酒店。发件人阿尔法·那格缇乌。

您好！我们负整数家族的所有数字 –1，–2，–3，… 近期想要到贵酒店入住一周时间。如果您能为我们所有数字找到房间，我们将不胜感激。您忠实的朋友，数字 –17。

现在预计新来的客人数量是无穷大，那么之前通过每个住客都往上移动有限多层的方案已不可行。总不能要求住客往上移无穷多层吧！这将花费无穷长的时间，而且没有人知道要移动多远，什么时候可以停下来。

"也许我们可以在有限的时间里移动无穷多层呢？"欧米茄自言自语道，"我们设想一下，如果第一层的住客在半分钟内搬完，第二层的住客在1/4分钟内搬完，第三层的住客在1/8分钟内搬完，以此类推。你瞧！我发现了一种可以在一分钟内移动无穷多层的方法。但是这样一来，这些数字最终将走向何方呢？新的房间该是几号呢？不，这也不可行。我得想想别的办法。

欧米茄绞尽脑汁，一无所得。最后，她决定和前台接待员艾普斯隆再讨论讨论。他们集思广益，也许能想出一个主意。然而事与愿违，他俩仍然没找到合适的方法。

欧米茄只好再去求助剩下的两人：拉姆达和希格玛。姐妹俩在从事服务员工作之前，都修过代数拓扑学和泛函分析这两门高等数学课程。

姐妹俩听完欧米茄的问题后，说道："给所有负整数安排住处根本不成问题。当我们学习集合论时，这也是老师给我们布置的第一道作业。只需要如下操作：数字 0 和 1 的房间保持不变，还是分别在酒店的第一层和第二层住着。所有其他的数字，依次挪到 2 倍于原楼层号的楼层去。也就是说，数字 2 住到 4 层，数字 3 住到 6 层，数字 4 住到 8 层，等等。这样，所有奇数层都空了出来，最后我们将有无穷多个空房间来容纳所有新来的客人。"

欧米茄非常赞同这对聪明姐妹的建议，于是她在大厅里立起了一块公告牌，上面写着：

> **酒店没有空房。**
> **常年客满。**
>
> **酒店可空出房间。**
> **随时为客人安排入住。**

公告牌摆出来数日后，负整数家族莅临了，所有人按照计划顺利入住。具体安排如下：

层号	1	2	3	4	5	6	7	8	9	…
客人	0	1	−1	2	−2	3	−3	4	−4	…

下面我来解释一下。数字 0 住到 1 层，也就是负数家族到来之前他的原楼层。每位正整数入住到楼层号为原来楼层号 2 倍的新楼层。比如，数字 3

住到 6 层，数字 111 住到 222 层。

所有的负整数所住的楼层号等于此数字乘以 –2 再加 1。所以，数字 –1 住到 3 层，数字 –17 住到（–17）×（–2）+ 1 = 35 层。

接下来的一周，酒店的客人们在宁静祥和中度过。

当负整数家族集体退房时，数字 0 决定和他们一起离开。他们走后，欧米茄惊奇地发现，原本被自然数数字住满的酒店，现在只有一半房间入住客人，实际上只有偶数号楼层住着人。那么，她现在需要削减开支——解雇希格玛，因为她负责的奇数号房间现在已经都是空房。但是另一方面，希格玛曾帮助她解决了负整数家族入住的问题，更不用说欧米茄深感拆散姐妹俩是不对的。但现在欧米茄这位接待经理不得不面对的一个事实是，不管怎样这家酒店的入住率已经下降到 50%，尽管酒店目前入住客人的数量与曾经客满时入住的客人数量完全相同！

"一定有神奇的事情发生了，"欧米茄自言自语道，"试想，如果数字 1 住到 10 号房间，数字 2 住到 20 号房间，数字 3 住到 30 号房间，依此类推，会发生什么事呢？"她默默地思索着，愁绪渐生，"即使没有一位老顾客离店，酒店的入住率将降至 10%！所有的自然数仍住在酒店里，但是入住率低得足以让我被解雇。"

她一边震惊于自己这个可怕的想法，一边提醒自己，两周后将有一个关于"理性实证主义时代的积极理想主义理论"的重要研讨会在酒店召开，与会的所有代表——所有的正有理数将入住酒店 3 天。

"届时，与会代表将全部被安排入住，"欧米茄继续自言自语道，"酒店现在有一半房间是空的，所以还有无穷多的空房间。"

这个发现并没有让欧米茄心情平复多久，她突然又被一大堆更令人担忧的想法惊到了。欧米茄意识到，所有分母为 2 的有理数就可以占据整个酒店，只要让分数 1/2 住到 1 层，分数 2/2 住到 2 层，分数 3/2 住到 3 层，依此类推。但与此同时，分母为 3 或者 4，或者其他任何正整数的有理数都可以以同样的方式让酒店客满：分数1/3住到1层，分数2/3住到2层，分数3/3住到3层……换句话说，如果无穷多个无穷集莅临，其中任何一个无穷集都能填满整个酒店。更不用说，在他们到达之前，已经有自然整数集（1,2,3,4,…）这个无穷集占满了酒店。

可怜的欧米茄仍试图寻找其他可能的方法，比如，让数字1住进1层，数字2住进1001层，数字3住进2001层……然后分数1/2住到2层，分数2/2住到1002层，分数3/2住到2002层，依次分数1/3住到3层，数字2/3住到1003层，分数3/3住到2003层……但是没一会，她又意识到这并不是一个完美的方案。（读者可以自己思考一下为何此法无效。）

这次，欧米茄不再好意思去打扰拉姆达和希格玛。毕竟雇她俩来是打扫房间的，并不是作为酒店顾问的。于是，她决定（她也并没有多少其他选择）寻求奥佩容（Apeiron）星系（比邻星英菲尼迪所在的星系）的首席数学家芬克尔斯坦·奥斯特洛夫斯基·坎托罗维奇教授的帮助。

这位年事已高但精力充沛的教授说，这个问题看似复杂，但其实不然。

"多亏了一个叫欧几里得的人，这个问题得以相对容易地解决，他曾经生活在一个名叫地球的蓝色的遥远的小星球上。"这位拥有3个名字的教授说道。

"那这位欧几里得先生做了什么呢？"欧米茄问。

"他证明了质数有无穷多个。"教授回答说。"这个结果怎么能帮我们摆脱现在的困局呢？"欧米茄追问道，显然他对两者的关联有所不解。

"我会尽可能简单地解释给你听，"芬克尔斯坦·奥斯特洛夫斯基·坎托罗维奇保证说，"质数有无穷多个这一事实，可以让我们很轻松地解决酒店容纳所有有理数的问题。听着，我们只要把每个有理数都安排进某个质数的相应次指数幂号楼层，就能完成分配。第一个质数是2。我们可以把数字1送到2层，数字2送到2^2层，数字3送到2^3层，数字4送到2^4层……"

教授接着说道："下一个质数是3。我们可以把分数1/2送到3层，分数

2/2 送到 3^2 层，分数 3/2 到 3^3 层，分数 4/2 到 3^4 层，依次继续安排下去。"

"但是，分数 2/2 其实就等于数字 1，而数字 1 已经被安排在 1 号房间了啊。"欧米茄微微沉思，出声道。

"这根本不是问题。事实上，远不止于此，无穷多个房间将分配给数字 1，他可以随意选择一层入住。"教授回答说，"现在我们再看第三个质数，也就是数字 5。我们可以把分数 1/3 送到 5 层。"考虑到 4 层已经被数字 2 占用了，这时我们的接待经理欧米茄突然明白为什么教授要考虑质数的幂了。

教授继续说道："把分数 2/3 送到 5^2 层，分数 3/3 送到 5^3 层……我想，现在你该明白我的意思了。接下来是 7，第四个质数。思路还是一样的，把分数 1/4 送到 7 层，分数 2/4 送到 7^2 层，分数 3/4 送到 7^3 层，继续依此分配下去，直到把所有有理数都安置进酒店。"

"这是一个非常有趣的安排，"教授继续说，"虽然我们有无穷多组客人，每一组客人都足以占满整个酒店，但我们还是成功地安置了所有人。而且……我们还有无穷多个空房间！"

"什么！？"欧米茄简直不敢相信自己的耳朵。

"所有号码不是质数也不是质数的幂的房间，比如 1，6，10，12，14，15，18，…都是空着的。"

欧米茄刚才还对教授解决住宿问题的绝妙办法欣喜若狂，这会儿又再度陷入沮丧中。达到 100% 的入住率再次成为问题。一位优秀的酒店经理怎么能够容忍酒店有无穷多的空房间。酒店的老板们会怎么想？

"您瞧，"欧米茄对教授说，"自然数集合本身就能把整个酒店占满，以前他们就是这样做的。突然，您提出这么个疯狂的方案，自然数集合再加上无穷多个无穷集，即使每一集合都可以占据整个酒店，却让酒店的入住率远远低于了 100%。这听起来一点也不符合逻辑。我不是这方面的专家，但有没有什么方法可以提高酒店的入住率呢，好让我可以在领导那交差！"

"哦，我还以为有无穷多个房间空着的解决方案会更令人印象深刻呢，但如果你唯一感兴趣的只是入住率问题，那我也可以给你另一个解决方案，保证酒店 100% 的入住率。"

"哦，太感谢了！请告知我吧。"欧米茄恳求道。

"在我告知你之前，我们需要做一些准备工作。我们将每个有理数对应到一对数字。第一个数字对应这个有理数的分子，第二个数字对应这个有理数的分母。例如，有理数 3/4 对应数对（3,4）。把自然数 n 写成 $n/1$，因此它们可以对应数对（$n,1$）。例如，自然数 7 可以对应到数对（7,1）。现在，我们将所有的有理数排列如下：

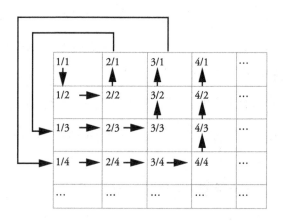

对于代数爱好者，我可以给出新方案的一般形式，即对于有理数 n/m，如果分子 n 大于或等于分母 m，则入住的楼层号为（$n^2 - m + 1$）；若分子 n 小于分母 m，则入住的楼层号为〔$(m-1)^2 + n$〕。

"譬如说，分数 3/2 的分子就比分母大，所以它被安排入住的楼层号为（$3^2 - 2 + 1$），也就是 8 号。你可以去数数，如果我们从数对（1，1）开始，按照箭头所示方向数（见上图），那么数对（3，2）将是你数到的第 8 个。"

欧米茄再次欣喜不已，她甚至开始大肆宣传酒店的口号：我们无穷热烈地欢迎每一位客人。

芬克尔斯坦·奥斯特洛夫斯基·坎托罗维奇教授指出，有许多种不同的方案可以把有理数集合安置到酒店中。

"我再介绍一种方案。我们可以为每个分数定义一个高度值，即该分数的分子和分母之和。也就是说，分数 n/m 的高度值 h 定义为（$n+m$）。那么，所有有理数的最低高度值为 2，并且只有一个分数取这个高度值，即 1/1。有两个有理数的高度值是 3，它们分别是 1/2 和 2/1。分数 1/3、2/2 和 3/1 的高度值都为 4。对于高度值 $h=5$，对应 4 个有理数：1/4、2/3、2/3 和 4/1。那么，所有的有理数都可以根据它们的高度值递增排列。[1]

高度值	2	3	3	4	4	4	5	5	5	5	6	⋯
有理数	1/1	1/2	2/1	1/3	2/2	3/1	1/4	2/3	3/2	4/1	1/5	⋯
楼层号	1	2	3	4	5	6	7	8	9	10	11	

动动脑筋

请读者证明在上述第三个解决方案中，分数 n/m 入住房间的号码为 $1/2 \times (n+m-2) \times (n+m-1) + n$。

比如说分数 2/3（即 $n=2$，$m=3$）就应该住到号码为 $1/2 \times (2+3-2) \times (2+3-1) + 2 = 8$ 的房间。

提示：$1+2+\cdots+n = \dfrac{n \times (n+1)}{2}$

自此，酒店因能容纳任意数量的客人而名声大噪，遐迩闻名。无论新来住店的旅客团队是有限位客人还是无穷多位，也无论酒店是否事先已经住满，甚至无论酒店房间是否早已经预订完了，只要有新客人莅临，酒店就能为他们安排房间。

某日，一件意想不到的事发生了。这天早上，遥远的德尔塔连续统（Delta Continua）星球发来一封电子邮件，上面说 0 到 1 之间的所有数字都有兴趣来参观酒店。当然，我们的接待经理欧米茄是知道有"不少"数字存在于 0 和 1 之间的，比如 $\sqrt[3]{2/3}$，$e^6 - \pi - \pi^5$，1/2，3/156，$e/47$，（$5 + \sqrt[13]{2}$）/213，⋯，然而，她并没有意识到安顿这些数的困难。酒店不是已经安顿下无穷多个无穷集了吗？那么再来一个无穷集，安排它们的住宿又有何困难呢？

但还是出现了问题，她无法给出合理的房间分配方案。绞尽脑汁无所得后，她只能再次向芬克尔斯坦·奥斯特洛夫斯基·坎托罗维奇教授或服务员希格玛、拉姆达求助。欧米茄决定打电话给教授。而令她惊讶甚至失望的是，这位杰出的教授不仅不能为她提供解决方案，而且还一口认定此问题无解。

"如果我把自然数集合赶出酒店呢？能否有助于解决问题？"欧米茄再次尝试地问道。

"不会。"教授斩钉截铁地回答。

"一个拥有无穷多空房间的酒店，怎么可能没有足够的房间容纳一群新来的客人呢？"欧米茄仍不能轻易接受这个坏消息。

"别那么固执。我们先不去寻求你的问题的解决方案，"教授建议道，"而让我先向你证明一个事实，就是这个拥有无穷多房间的酒店不仅不能安置下 0 和 1 之间的所有数字，甚至都不能安置下所有只用数字 0 和 1 生成的小数。"

"你是认真的吗？"经理欧米茄问。

"芬克尔斯坦·奥斯特洛夫斯基·坎托罗维奇教授在谈论数学或音乐时，从不打妄语。"教授以第三人称品评自己。

"那好吧。那就请您做一个解释吧。"欧米茄只好正襟危坐，准备听讲。

芬克尔斯坦·奥斯特洛夫斯基·坎托罗维奇教授解释道："首先，把所有数字都写成无穷小数形式。意思是，我们不写 0.101，而是把它写成 0.101000… 的形式。现在，假设我们已经找到了安置 0 和 1 之间所有数字的方案。"

"我猜您要用反证法，是吗？这是数学家们常用的技巧！"欧米茄说道。

"嗯，假设我们按如下方案安排住宿：A_1 住到 1 层，A_2 住到 2 层，A_3 住到 3 层，依此类推。那么，这些 A 是谁呢？嗯，请看下表，A_1，A_2，…是给它们起的"新"名字：

$$A_1 = 0.a_{11}a_{12}a_{13}a_{14}a_{15}\cdots$$
$$A_2 = 0.a_{21}a_{22}a_{23}a_{24}a_{25}\cdots$$
$$A_3 = 0.a_{31}a_{32}a_{33}a_{34}a_{35}\cdots$$
$$A_4 = 0.a_{41}a_{42}a_{43}a_{44}a_{45}\cdots$$
$$A_5 = 0.a_{51}a_{52}a_{53}a_{55}a_{55}\cdots$$
$$\cdots\cdots\cdots\cdots\cdots\cdots\cdots\cdots$$

"换句话说，a_{ik} 是 i 层住客数字 A_i 小数点后的第 k 位。也请注意，所有的 a_{ik} 非 0 即 1。举个例子，假设小数 0.111000110010…住在 3 层。这个数小数点后的每位分别是 $a_{31} = 1$, $a_{32} = 1$, $a_{33} = 1$, $a_{34} = 0$, $a_{35} = 0$，其余位置的取值亦易见。

教授继续说："现在，我可以给你找一个 0 和 1 之间的数，也就是说，一位来自德尔塔连续统星球的客人，但未能被安置进酒店。以此来说明，我们不可能把 0 到 1 之间的所有数字安顿进酒店，因为我们上述的列表有问题。"

"记这个特殊的数为'B'，也表示成无穷小数的形式 $B = 0.b_1b_2b_3b_4\cdots$，其中 b_i 为 0 或 1，并且每个 b_i 异于 a_{ii}（a_{ii} 是上述列表中对角线位置上的数字）。如何实现呢？"

"其实想法非常简单。如果 $a_{ii} = 0$，那么取 $b_i = 1$。反之，如果 $a_{ii} = 1$，取 $b_i = 0$。"

"我给你举个例子吧。假设我们安置好了 0 和 1 之间的所有 0 和 1 字串。楼层分配方式随意，假设安排如下：

$$A_1 = 0.010010001\ldots$$
$$A_2 = 0.010101010\ldots$$
$$A_3 = 0.110110110\ldots$$
$$A_4 = 0.100110111\ldots$$
$$A_5 = 0.011111110\ldots$$
$$\cdots\cdots\cdots\cdots\cdots\cdots\cdots$$

"现在我们来构造数字 B。取 $b_1 = 1$，因为 $a_{11} = 0$（即数 A_1 小数点后的第一位是 0）；取 $b_2 = 0$，因为 $a_{22} = 1$（a_{22} 是数 A_2 小数点后第二位）；取

$b_3 = 1$，因为 $a_{33} = 0$，依此规则继续。"

"但是，您怎么知道 B 未被安顿进酒店呢？"欧米茄忍不住问道。

"这很明显啊。依照我们的构造，数 B 小数点后的第一位数字 b_1 与 A_1 小数点后的第一位（即 a_{11}）不同。由此可知，B 不可能等于 A_1，即使它和 A_1 在其他位置上的数字都完全相同。"

"现在，我们来看数 B 小数点后的第二位，也就是 b_2。出于同样的原因，b_2 将不同于 A_2 小数点后的第二位数字，因此，无论 B 在其他位置上如何取值，B 都不可能等于 A_2。"

"我们继续考察数 B 小数点后的每一位数字，结论都将不变。数 B 小数点后总有一位数字与数 A_i 相应位置上的数字不同。因此，我们不得不承认，数 B 并不等于上述列表中的任何一个 A，也就是说 B 将不在住店宾客之列。他同朋友们一道从德尔塔连续统星球而来，却未像朋友们那样入住酒店。"

"如果真出现这种情况，我会把 B 排在 A_1 之前。"欧米茄一想到这个新主意就兴奋得跳了起来。（欧米茄并无意为难教授，但她这句确实惹恼了他。）

"你根本没明白我的解释！要知道，即使你把 B 加到列表中，我也总能构造出一些不在列表中的新数——称它 Y，就像我构造数 B 一样的思路。"

"好吧，您是对的。但我还是不明白为什么客人们在拥有无穷多房间的酒店里还找不到空房。"

教授解释说："这只能意味着，尽管你们酒店的房间数量确实是无穷多的，但想要入住的客人的数量是更大的无穷。"

"您说什么？更大的无穷？"欧米茄激动地吼道，"请给我解释一下，为什么会有比无穷大更大的无穷大！"

但此时的老教授已经精疲力竭了。

插曲

一个有限到无穷的故事：从古戈尔到谷歌

如何比较不同集合的大小呢？大西洋中的水滴数量是否大于棋盘上棋子排列方法的总数呢？一个人能创作的曲子的数量是否大于 0 到 1 之间所有有理数的数量呢？如果讨论的集合含有非常多元素或是无穷集的时候，如何能知道一个集合所含元素的数量比另一个集合的少呢？何时可以认定两个集合含有相同多的元素呢？区分一个元素超多的集合和一个无穷集，真的很容易吗？即使是伟大的阿基米德也已经意识到，把一个元素非常多的集合和一个无穷集混淆起来，可能会出现一些问题。文献《计算沙粒的人》是来自锡拉丘兹的一位伟人的著作，在书中他欲计算出宇宙中沙粒数目的上限。

有些人认为沙子的数量是无穷大；这里，我指的是宇宙中所有地区的沙子，无论是人类居住区的还是无人区的。当然还有一些人，他们虽然不认可数量达到了无穷大，但也认为没有任何一个数字能够比沙粒的总数目更大。

——阿基米德

阿基米德发现宇宙中沙粒的总数量不超过 10^{63}，由此他证明了先前的两种说法都是错误的。

多年后，确切地说是在 1938 年，英国天体物理学家、天文学家和数学家阿瑟·斯坦利·爱丁顿爵士在剑桥大学三一学院做了一次演讲，他说：我相信宇宙中有 15747724136275002577605653961181555468044709366231425185631031296 个质子和相同数量的电子。

今天，这个巨大的数字被称为"爱丁顿数"。虽然它看起来令人震惊，但它远未及无穷大。

数学家爱德华·卡斯纳和詹姆斯·纽曼在他们 1940 年出版的《数学与想象》

（*Mathematics and Imagination*）一书中写道，人们必须明白"非常多"和"无穷大"是两个完全不同的概念。再大的数也不可能变成无穷大。我们可以写出一个任意大的数，但它不会比 1 或 7 更接近无穷大。

一个有趣的小细节是"古戈尔（googol）"一词最早出现在该书中。卡斯纳的侄子弥尔顿当时 9 岁，他建议为 1 后面跟 100 个 0 这个大数命名。有趣的是，谷歌公司的名字"Google"正是 googol 的误拼。

这个奇特的小男孩还建议用"古戈尔普勒克斯（googolplex）"来表示由 1 和一大堆 0 组成的数字："古戈尔普勒克斯应该是 1 后不断地写 0，直到你写累了才停下。"如今，古戈尔普勒克斯代表的数字被更准确地定义为 10googol。不要试图去写出这个数。天文学家兼作家卡尔·萨根（1934—1996）在他的电视节目《宇宙：个人之旅》中指出，人类不可能写出古戈尔普勒克斯这个数，因为在可观测的宇宙中没有足够的空间能够容纳其所有的字符。

然而即便如此，古戈尔普勒克斯与无穷大还是有无穷的距离。事实上，它也不比 1 或 7 或任何你想要命名的数字更接近无穷大。

即使是古戈尔普勒克斯的古戈尔普勒克斯次方幂仍然是有限的。为了纪念我最亲爱的朋友，胖乎乎的可爱小熊维尼，我把这个数称为维尼普勒克斯（Poohplex）。那么，如果古戈尔普勒克斯已经超出了人类的想象，你能对维尼普勒克斯说些什么呢？你可以创造出任何你喜欢的庞大的数，甚至给它们起任何你喜欢的名字。你可以写出维尼普勒克斯的维尼普勒克斯次方幂，然后再考虑这个结果的阶乘。去估算这些数的大小就已让我深感头疼，但无论如何，这些都还是有限数，而且并不比 7 更接近无穷大。

让我们回到无穷大的问题。

第八讲

基数计数与洞悉无穷大

关于足球运动员和时装模特（一一对应关系）

我们回到之前的问题：什么情况下可以认为两个集合有相同多的元素呢？

对两个有限集而言，这不是个问题。至少原则上，我们可以通过计数来解决这个问题：如果集合 A 与集合 B 含有相同数量的元素，我们可以说这两个集合"一样大"。

然而，当我们讨论无穷集时，一个问题就出现了。因为此时我们无法数出集合所含元素的个数。那么可不可以不数数，就能比较两个集合的大小呢？事实证明，可以。

让我们换一种方式来考察一下两个有限集的比较问题。设想有一个时尚俱乐部，每年的顶级时装模特和著名足球运动员在此聚会。派对正开得热火朝天，许多足球运动员和模特都在舞池里跳舞。

不去数数，我们能否确定究竟是球员比模特多还是模特比球员多，抑或两者数量相等呢？

解决这个问题的办法很简单：你所要做的就是播放一段轻音乐，然后宣布每位球员必须邀请一位模特跳舞。此时会有 3 种可能性：

1）所有人都在跳舞，在这种情况下球员的数量与模特的数量一致。

2）有部分球员找不到舞伴，孤独而悲伤地倚靠在吧台。这种情况，很明显表示球员比模特多。

3）有部分模特单着——模特比球员的数量要多。

需要指出的是，这种比较方法并不能让我们知道球员和模特的确切数量。然而，我们想要的只是比较两类人群的大小。

这种方式也适用于无穷集之间的比较，在计数的方式不可行情况下，此法非常有效。

到此，是时候熟悉两个乏味但至关重要的概念了。

一对一映射（亦称单射）

若集合 A 和集合 B 之间存在一种对应关系，使得集合 A 中的不同元素分别对应集合 B 中的不同元素，反之亦然（可能存在无配对的元素），此对应关系被称为一对一映射（单射），简记为 $1:1$。

例如，假设有 3 名足球运动员——罗纳尔多、梅西和姆巴佩，以及 4 名模特——阿德里安娜、吉赛尔、凯特和尼娜。如果我们将他们做如下匹配：

A	*B*
罗纳尔多	尼娜
梅西	吉赛尔
姆巴佩	凯特

那么，我们在球员和模特两个集合之间建立了 $1:1$ 对应关系，因为任意两位球员（集合 A 中不同元素）与不同的两位模特儿（集合 B 中不同元素）之间有了配对。注意到，阿德里安娜没有配对的球员，但从 $1:1$ 对应的定义而言，并无影响。只要集合 A 中的每个元素都有唯一的配对，就有 $1:1$ 的对应关系。

另外，我们也可以做如下配对：

A	*B*
罗纳尔多	尼娜
梅西	凯特
姆巴佩	凯特

在这种情况下，对应关系不是 1 : 1 的，因为有两个不同的球员与同一个模特凯特配对。这说明，集合 A 所含元素数量大于集合 B。

满射

若从集合 A 到集合 B 存在一种对应关系，使得 B 中每一个元素都有 A 中至少一个元素与之配对，此对应关系被称为满射。注意，可能 A 中有多个元素映射到 B 中的一个元素上（在这种情况下，映射不是 1 : 1 的）。此时，我们说 A 满射（到上映射）到 B。

例如，假设我们现在有 5 名足球运动员：罗纳尔多、梅西、姆巴佩、凯恩和内马尔，以及与之前一样的 4 名模特——阿德里安娜、吉赛尔、凯特和尼娜。我们可以给他们建立如下的满射对应：

A	B
罗纳尔多	尼娜
梅西	吉赛尔
姆巴佩	凯特
凯恩	凯特
内马尔	阿德里安娜

这是满射，因为集合 B（4 名模特）中的每个元素都与集合 A（足球运动员）中至少一个元素配对。不过注意，这里有 2 名足球运动员被"映射"到同一名模特（凯特）。

另一种对应关系如下，却并不是满射：

A	B
罗纳尔多	凯特
梅西	凯特
姆巴佩	阿德里安娜
凯恩	尼娜
内马尔	阿德里安娜
	吉赛尔

　　为什么呢？这是因为集合 B 中有一个元素吉赛尔并没有与 A 中的任何一个元素配对（注意到，表中有 2 名模特各对应 2 名足球运动员，独留下可怜的吉赛尔孤单无伴）。如果两个集合 A 和 B 之间既存在一对一的对应关系，又存在满射关系，这就意味着两个集合之间的元素可以完美配对——集合 A 中的每个元素有 B 中唯一一个元素与之对应，同样的集合 B 中每个元素有 A 中唯一一个元素与之对应。既是单射又是满射的映射被称为双射。

　　如果集合 A 和集合 B 都是有限集，毋庸置疑的是，只有当两个集合所含元素数量一致时，才有可能在它们之间建立既单又满的映射关系。我下面将对此解释：若从集合 A 到集合 B 存在一对一的关系（或双射），则意味着集合 B 含有的元素数量等于或大于集合 A 中的元素数量；若存在的是从 A 到 B 的满射对应，则集合 A 含有的元素数量等于或大于集合 B 中的元素数量。（B 中每个元素可能与 A 中多个元素配对。）因此，当对应关系既单又满时，对于有限集而言，就意味着两个集合所含元素个数必须相同。

　　如下表所示的明星们，我们可以清晰阐明足球运动员和模特之间存在既单又满的对应关系，当且仅当这两个集合具有相同数量的元素。

A	*B*
齐达内	克劳迪娅
贝利	辛迪
马拉多纳	凯特
贝克汉姆	娜奥美
马尔蒂尼	琳达

　　下面再给大家举个例子：

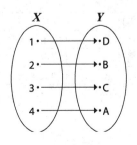

这也是既单又满的对应关系，此例中我们甚至不需要涉及任何足球运动员或模特这些具体事物。

现在我们已经弄清楚了有限集的情形，就让我们再回到无穷集。基于以上的讨论，定义两个集合（有限或无穷）的元素数量相等关系是：

定义：基数相等

如果两个集合 A 和 B 之间存在既单又满映射，则两集合基数相等。

这个定义中的"基数"是什么呢？你可能记得我们刚才提到过它。对于有限集，基数的含义是很清楚的。

定义：有限集的基数

对于有限集，其基数只是"集合所含元素个数"的一个花哨的术语。例如，集合 $A = \{17, 42, 1729, 1234321\}$ 有 4 个元素，因此集合 A 的基数即为"4"。从今往后，我们用 $\#A = 4$ 表达此意。

然而对于无穷集，"集合中元素的数目"的概念不是也不可能是显而易见的。对于两个无穷集，我们所能做的就是比较它们的基数。

伽利略悖论

17 世纪初，伽利略提出了一个后来以他的名字命名的悖论。伽利略悖论涉及自然数集 $\{1,2,3,4,\cdots\}$ 和平方数集 $\{1,4,9,16,\cdots\}$ 之间既单又满的对应关系。可以如下表展示的那样对这两个集合中的元素进行配对。此时，A 中每个元素都有一个且只有一个 B 中的元素与之相匹配。反之亦然。

悖论指出，一方面，自然数集合与其一个真子集（此处即平方数集）有相等的基数（因为两个集合之间建立了既单又满的对应关系）。另一方面，自然数比平方数要多，这就意味着自然数集合所含的元素比平方数集合所含的元素多，那它们怎么可能有相等的基数呢？

集合 *A*	数字	1	2	3	4	5	6	7	8	9	10	…
集合 *B*	平方	1	4	9	16	25	36	49	64	81	100	…

格奥尔格·康托尔　　　　伽利略·伽利雷

定义：悖论

与人们已接受的思想相悖的推理或命题；看似自相矛盾或与常识相悖的主张或观点；那些表面语句荒谬，但实际上可能合理的论题。

多么奇妙啊，我们遇到了一个悖论！现在我们有了取得进展的希望。

——尼尔斯·玻尔

我是多么赞同尼尔斯·玻尔的此番言论！悖论是如此奇妙的东西，它使我们的思维过程发生了根本性的变化。

伽利略认为这个悖论说明在谈及无穷集时，不能使用诸如"相等""更小"或"更大"之类的形容词，他把这个悖论写入自己的书《关于两门新科学的对话》

之中。事实上，正如我们在书的前半部分所述的，对于以有限方式思考之人，最好避开任何与无限相关的问题。

　　但如果我们的思维方式本身是有限的呢？可为什么我们要被束缚在有限的思维模式之中呢？康托尔和戴德金试图解决这个显而易见的问题，并开创了一个新的理论。

定义：子集

　　若 A 中的每个元素都在集合 B 中，集合 A 称为集合 B 的一个子集。

　　举个例子，

　　设集合 A = {Gustav Mahler, Gustav Holst, Gustavo Dudamel}

　　集合 B = {Gustav Mahler, Gustav Klimt, Gustav Holst, Gustavo Duda-mel, Gustave Doré, Gustavo Boccoli, Gustave Courbet, Hurricane Gustav, Gustaf V of Sweden}

　　则集合 A 是集合 B 的一个子集，因为 A 中每一个元素也都在 B 中。由定义亦可知，每个集合都是它自身的平凡子集。

下面让我们再回到伽利略悖论。首先，我们给出另外两个定义。

回顾：

定义：真子集

　　若集合 A 是集合 B 的子集，且与集合 B 不等，我们称集合 A 为集合 B 的一个真子集。如上述例子，集合 A 就是集合 B 的一个真子集。

无穷集的康托尔—戴德金定义

如果一个集合与它的至少一个真子集之间存在——对应的关系（既是单射又是满射），那么这个集合就称为无穷集。（提醒一句，对于有限集，其任何真子集都不可能与其——对应！）

自然数集就是一个无穷集，因为正如伽利略所证明的那样，它与其一个真子集——平方数集之间存在——对应关系。如果用上刚才学过的术语，我们可以说自然数集和平方数集有相等的基数。值得一提的是：对于有限集，"部分总是小于整体"这一说法是成立的；但对于无穷集，这种说法并不成立。我们在前面已经考察了足够多的相关例证：伽利略悖论、芝诺学堂所提"阿喀琉斯与乌龟"故事的罗素版本（见第五讲中"芝诺的辩白"）、希尔伯特的英菲尼迪酒店里发生的各种奇迹……

动动脑筋：天堂与地狱

一个人被判处永陷地狱受苦受难，另一个人则可在天堂永生。某年某日，两人互换了位置：受苦难之人被允许感受天堂的欢愉清新；而幸福的天堂居民则得以尝尝地狱的恐怖。

从数学上讲（计算基数），这两种度过余生的方式有什么区别吗？

如果你说有区别，请解释一下原因。

如果你说没有区别，回答以下问题：你会选择在哪里度过永生？

至此，伽利略的悖论不再是悖论，它只是直接道出了自然数集为无穷集的内涵特性。很明显，我们可以找到许多其他与自然数集等势的真子集——也就是说，与它具有相等的基数。比如，素数集、偶数集、能被 101 整除的整数集、正整数的阶乘组成的集合 {1，2，6，24，120，720，5040，40320，362880，3628800，…}，等等。

无穷集的基数

设集合 $D = \{1, 2, 3, 4, 5\}$。根据定义，它并不是一个无穷集。为什么呢？因为如果从 D 中任取一个真子集 E，我们不可能找到两个集合之间的既单又满对应。换句话说，不可能把 D 的所有元素和 E 的所有元素两两配对。

如之前所述，有限集的基数就是它所含元素的数目。因此，可以写作 $\#A = n$。

但该如何表示无穷集的基数呢？我们无法数出无穷集中元素的数目！

无穷集有基数吗？

如果有，那么是否存在一些无穷基数比其他的更大呢（英菲尼迪酒店的多种访客群入住问题或多或少提示我们这是可能的）？

是否存在"最小"的无穷基数呢？

是否存在"最大"的无穷基数呢？无穷基数是不是就是"无穷大"呢？如果是，我们该如何表示这样的基数值呢？

想知道这些及其他相关问题的答案，请往下阅读！

可列无穷集莅临希尔伯特酒店

显然，每个有限集的元素都是可以数出来的。您从第一个元素开始数，然后第二个元素，继续下去，在某个时候（即使它含有元素的数目达到古戈尔普勒克斯），您（或您的后人）终将数完最后一个元素。类似，一个无穷集被称为"可列集"，它与自然数集具有相等的基数，表明它与自然数集之间存在既单又满的对应关系。换句话说，该集合的元素可以按顺序一一排列，因此所有元素可以在希尔伯特酒店以某种方式全部入住。集合是可列的，正因我们可以一个一个地列出所有的元素：第一个元素、第二个元素、第三个元素……，尽管这个过程永远不会结束，但还是可以一一列清楚的！因此，我们使用"可列的"这个词描述这类集合。

在上一讲里，我们已经读到，把整数集和有理数集中的元素安置进希尔伯特的酒店是完全没有问题的。这就意味着这两个集合无疑都是可列的。

回顾一下有理数集的入住安排。当时，我们为每个有理数设定了一个"高度值"，并以之来确定每个有理数的楼层。其中分数 a/b 的"高度值"定义为 $h = a + b$。具有相同高度值的分数，则根据分子的大小递增排列（详见下表）。显见，此表说明从有理数集到自然数集存在一个单射对应。

高度值	2	3	3	4	4	4	5	5	5	5	6	…
有理数	1/1	1/2	2/1	1/3	2/2	3/1	1/4	2/3	3/2	4/1	1/5	…
楼层号	1	2	3	4	5	6	7	8	9	10	11	…

大卫·希尔伯特　　　　　　艾米·诺特

在下方的楼层分配表中，我们回顾一下所有的整数是如何被安置进这个宇宙中最奢华的数学酒店的：

客人	0	1	–1	2	–2	3	–3	4	–4	…
楼层号	1	2	3	4	5	6	7	8	9	…

对于有限集的基数，我们用记号 #A 表示。但是，由于无法完成无穷集的计数，所以没有哪个自然数"n"可以描述其基数。因此，一个可列无穷集的基数必须用其他方式表示。康托尔引入了符号 $\aleph_0$（读作"阿列夫零"）。它是希伯来字母"$\aleph$"，带上下标 0 组成。[1] 设 N 表示自然数集合，Z 表示整数集合（所有正的与负的整数以及 0），那么则可以写 $\#N = \aleph_0$ 和 $\#Z = \aleph_0$。

用符号 $\aleph_0$ 来表示可列集的基数，意味着 $\aleph_0$ 可能是最小的无穷基数，也意味着可能会有更大的基数。（那些集合，我们根本无从计数！）事实上，确实如此。

动动脑筋

请证明：每一个无穷集都包含有一个可列无穷集。

这个练习说明，一个无穷集只是可能可以填满希尔伯特的酒店。这句话，重点在"可能"二字。

例如，能被 3 整除的所有正整数都可以被安置在酒店中，只要让每个数住进与自己相同号码的楼层，其他楼层都空着即可。

楼层号	1	2	3	4	5	6	7	8	9	10	11	12	…	…
客人			3			6			9			12		

这样，酒店还有很多的空房。

但是，如果把每个数都安置到房间号为自身 1/3 值的房间，那么酒店将被这个集合填满。

楼层号	1	2	3	4	5	6	7	8	9	10	11	12	…	…
客人	3	6	9	12	15	18	21	24	27	30	33	36	…	…

这表明能被 3 整除的正整数集构成一个可列无穷集（因为此集与自然数

集之间存在一个双射对应，正如上表所示）。

能被古戈尔普勒克斯整除的正整数同样构成一个无穷集，也是可列的，能被维尼普勒克斯整除的正整数数集亦然。不妨感受一下，从 1 开始，我们需要数多少个数才能数到维尼普勒克斯啊！然后，我们必须再经历一遍这个漫长的过程，才能数到 2 倍的维尼普勒克斯！但是，它们仍然还是有限的。而能被维尼普勒克斯整除的正整数数集的基数等于能被 21 整除的正整数数集的基数，也等于偶数集的基数，它们皆等于自然数集的基数。

所有这些集合的基数都是 $\aleph_0$。

信不信由你！

　我们苍白的推理使我们无法揭示无穷的奥秘。

——吉姆·莫里森，大门乐队

代数数莅临希尔伯特酒店

我们对希尔伯特酒店各种入住情况的考察表明，尽管这是一个拥有无穷多房间的酒店，但并非所有的数集都能被整体安置进酒店。由于 0 和 1 之间有太多的数字，以至于他们不能同时入住。

这些数集不是可列集，因为它们与自然数集之间并不存在既单又满的对应关系。是否还有其他数集也是无穷的但非可列的呢？也就是说，是连希尔伯特酒店都不能容纳的呢？

有一个此类有趣的例子，即非代数数集合，我们稍后将定义之。但首先，我们必须清楚什么是代数数。

大家知道，有理数 q 可以写成两个整数 c 和 d 的比值 $\frac{c}{d}$ 的形式。

换句话说，我们可以把 q 定义为一个有理数，当且仅当它是一个"一次"方程的解，也就是形如 $ax + b = 0$ 形式的方程的根，其中系数 a 和 b 是整数。

很明显，每一个有理数 $q = \dfrac{c}{d}$ 都满足关系式 $dq - c = 0$，因此是一次方程 $dx + (-c) = 0$ 的一个解。例如，$\dfrac{19}{77}$ 是方程 $77x - 19 = 0$ 的解。

那么，到底何为代数数呢？

定义：代数数

如果一个数是一个形如：

$$a_n x^n + a_{n-1} x^{n-1} + \cdots + a_1 x + a_0 = 0$$ 的方程的根（即解），则称它为代数数。其中，每个 a_k 都是整数。

一个数若不是代数数，则被称为"超越数"。

上面的方程中，若首项系数 a_n 不为 0，则称等号的左边为一个 n 次多项式。

由此定义，显见所有的有理数都是代数数。然而，有一些代数数是无理数 [2]。例如：

$\sqrt{2}$ 是一个代数数，因为它满足二次方程 $x^2 - 2 = 0$ 的根。

3/2 的三次方根（$\sqrt[3]{3/2}$）是一个代数数，因为它满足三次方程 $2x^3 - 3 = 0$ 的根。

虚根 $\sqrt{-1} = i$ 是一个代数数（但不是实数），因为它满足二次方程 $x^2 + 1 = 0$。

黄金分割比 ϕ 是一个代数数，因为它满足二次方程 $x^2 - x - 1 = 0$ 的根。

简而言之，因为有"大量的"多项式 $a_n x^n + a_{n-1} x^{n-1} + \cdots + a_1 x + a_0$，所以也存在"大量的"代数数。

基于以上，下一个命题可能看起来有点令人惊讶：

定理：全体代数数构成一个可列集。

证明：让我们考察一下方程

$$a_n x^n + a_{n-1} x^{n-1} + \cdots + a_1 x + a_0 = 0$$

不妨设首项系数 a_n 为正。若否，我们将方程两边乘以（-1），方程的根不变。

类似于之前安顿有理数入住酒店的方法，为每个多项式定义一个高度值 H：

$$H = n + a_n + |a_{n-1}| + |a_{n-2}| + \cdots + |a_1| + |a_0|$$

（符号 $||$ 表示一个数取绝对值。如果这个数是正数，它的绝对值就等于它本身，如 $|37| = 37$。如果这个数是负数，则其绝对值是其相反数，如 $|-234| = 234$。）

现在，我们可以按照高度值的大小顺序排列所有的多项式方程（有些方程可能无解）。

例如，对于高度值 $H = 1$ 只对应 1 个多项式，即多项式 1，它与变量 x 无关，由它得到的多项式方程为 $1 = 0$，方程无解。这是一个矛盾方程，也没有给出任何代数数的解。

对于高度值 $H = 2$，有 2 个方程：$x = 0$ 和 $2 = 0$。第一个方程有代数数解 0，第二个方程也是一个矛盾方程，没有根。

对于高度值 $H = 3$，有 5 个方程：$3 = 0$，$x - 1 = 0$，$2x = 0$，$x + 1 = 0$ 和 $x^2 = 0$。所有这些方程中，第一个方程是矛盾方程，无根；其他方程，除了之前得到的代数 0，只增加了两个新的代数数：1 和 -1。

到此，我希望读者已清楚大致思路。

当高度值 $H = 5$ 时，我们得到代数数 $\sqrt{2}$（请读者自行构造相应方程）。对于每个给定的高度值，都有有限多个方程满足该值，而每个方程都只有有限多个解。因此，对每个高度值，都只能添加有限多个新的代数数。这表明代数数集实际上是可列有限集的并集。因此，在希尔伯特酒店中容纳所有的代数数是没有问题的。这也意味着代数数集合是一个可列集，其基数为 $\aleph_0$。

这已是相当难以置信的，而能被维尼普勒克斯的维尼普勒克斯次方整除的正整数集与代数数集有一致的基数。

ℵ: 一个更大的无穷大——连续基数

证明一个集合是可列的并不困难。只需要找到这个集合与自然数集之间的一个既单又满的对应关系即可。现在问题的核心在于：为了证明一个集合是可列的，只要证明它的所有元素可以按某种顺序一一被排列出来，因此，为了证明一个集合是不可数的，我们必须证明绝对没有办法按某种顺序一一排列其所有元素。（这类似于证明房间里至少有一只蚂蚁的"问题"，与房间里绝对没有蚂蚁的"问题"。一旦找到了一只蚂蚁，你就证明了前一个命题，但在某一特定时刻还没有找到一只蚂蚁并不意味着你以后也找不到。）

如前所述，1891 年，格奥尔格·康托尔提出了一种被后人称为"康托尔的对角线论证法"的复杂方法，此法可以帮助证明，对元素达到一定数量的集合排列的方法已经无效。上一讲中，芬克尔斯坦·奥斯特洛夫斯基·坎托罗维奇教授证明希尔伯特酒店无法容纳 0 和 1 之间所有只用 0 和 1 生成的无穷小数时，已经用到这种方法。此法可以巧妙地证明，0 和 1 之间所有数构成的集合是不可数的。（读者可以尝试证明之！）这其实不难预料，因为"在 0 和 1 之间只用 0 和 1 生成的十进制无穷小数"构成 0 和 1 之间所有数这一数集的一个真子集。此外，如果我们用二进制表示所有 0 和 1 之间的数，可能很容易相信这两个集合的基数是相等的。（为什么呢？）

毫无疑问，元素不能一一排列清楚的集合是不可数的。数轴上，0 和 1 之间的所有数构成一个不可数集，所以其基数不是 $ℵ_0$。因此，为了表示实数集（或实数轴上任何线段）的基数，我们需要引入一个新符号！为此，我们使用符号 ℵ，称 ℵ 为连续基数。但是请注意，不可数集的基数 ℵ 还不一定就是 ℵ。

字串、字串、字串

由于康托尔的对角线论证法既美妙又重要，我将再多做些解释，此次我将展示，为什么只用字母 a 和 b 组成的无穷长字串集合是不能排列的。也就是说，这个集合是不可数的。

如果你已经理解了芬克尔斯坦·奥斯特洛夫斯基·坎托罗维奇教授对欧米茄就 0 和 1 之间所有的十进制小数无法同时入住酒店的解释，那么你应该就已经懂了。两者的思路是完全一样的，只是例子不同而已。如果你没有完全理解他的解释，那希望这次你能理解。

我们将用反证法，也就是说我们将假设结论不真：所有的字串可以按顺序一一排列。然后我们会发现这将导致一个矛盾，从而说明之前的假设是错误的。

以下是字串的排列表：

A_1	=	**a**	b	a	b	b	b	b	b	b	b	...	...	...
A_2	=	a	**b**	b	a	a	b	b	a	b				
A_3	=	b	b	**a**	b	a	b	a	a	b	a			
A_4	=	a	a	a	**a**	b	b	b	b	a				
A_5	=	b	a	a	a	**a**	a	a	a	b	a			
A_6	=	a	a	a	a	b	**a**	a	a	a	a			
A_7	=	b	b	b	b	b	**b**	b	b	b				
A_8	=	a	a	b	a	b	a	a	**a**	a				
A_9	=	a	a	a	a	b	b	b	b	**a**	b	...	...	...
...														

基于康托尔的对角线论证法，就像之前处理 0 和 1 之间的小数一样，我们将构造一个字串 A_0，但无论如何排列由 a 和 b 生成的字串，A_0 都未列于上表中。请仔细观察上表，注意对角线上加粗的字母。构造字串 A_0 的方法如下：第一个字母取与 A_1 的第一个字母不同的字母（A_1 的第一个字母是 a，所以我们用 b）；第二个字母取与 A_2 中的第二个字母不同的字母（A_2 的第二个字母是 b，所以我们用 a）；第三个字母亦与 A_3 的第三个字母不同（这次我们用 b）；依此继续。

最后，得到一个新的字串：$A_0 = $ babbbbabb…

关于 A_0 出现在上表中（也就是说，是表中的某个字串）的不可能性证明，留给聪明的读者，请注意它与表中任何一个字串 A_i 比较，至少与 A_i 在第 i 位的字母不同。

那么，如欧米茄醒悟的那般，把 A_0 添加进上表并不能改变集合的基数，因为我们总是能重复上述构造过程，并找到另一个新的字串，姑且称它为 $A_\aleph$，这个字串将不同于新列表中任何一个字串。综上所述，只用字母 a 和 b 组成的无穷长字串集合具有连续基数。

显然，由 3 个不同的字母（不只是 a 和 b）或 4 个或 5 个（或任何其他数字多个）字母组成的无穷长字串的集合也具有不可数的基数，当然这并不意味着它们具有连续基数。但我们可以构造这类集合与 0 和 1 生成的数字串之间既单又满的对应关系，可知其基数事实上均为 $\aleph$。

线段 [0, 1] 上的数构成不可数集的另一趣证

假设不真：线段 [0,1] 上的点构成一个可列集。这意味着，其中的元素可以以某种方式按顺序一一排列，如 $\{p_1, p_2, p_3, p_4, \cdots\}$。为了证明（或推翻）这一假设，我们首先取一列小区间：以 p_1 为中心，取长度为 1/10 的小区间，以 p_2 为中心，取长度为 1/100 的小区间，以 p_3 为中心，取长度为 1/1000 的小区间，以此类推。由于线段 [0,1] 中的每个点都至少位于这些区间中的一个（根据假设，$\{p_1, p_2, p_3, p_4, \cdots\}$ 是 0 到 1 之间所有数的一个排列），我们最终得到 [0,1] 间的一个覆盖。另一方面，我们可以把所有这些小区间的长度加起来。根据几何级数求和公式：

$$a_1 + a_1 q + a_1 q^2 + \cdots = a_1/(1 - q)$$

可得 $1/10 + 1/100 + 1/1000 + 1/10000 + \cdots = (1/10) / (1 - 1/10) = 1/9$。

这样，我们用总长度仅为 1/9 的区间列覆盖了线段 [0,1] 上的所有点。然而，这显然是不可能的，因为线段 [0,1] 的长度是 1。

我们就此得到了矛盾。

结论：不可能把 0 和 1 之间的所有数一一排列。换句话说，这个集合是不可数的。

由于有理数构成一个可列集，所以可以将线段 [0,1] 上的所有有理数按顺序一一排列。然后，用总长度不超过 1/9 的区间列覆盖这些有理点，这意味着有理数最多只占 0 到 1 之间所有数的 1/9。

然而，我们可以改进这个区间列长度的上界。

假设线段 [0,1] 上有理数可排列为 $\{q_1, q_2, q_3, q_4, \cdots\}$。取长度为 1/1000 的小区间覆盖 q_1 点，长度为 1/10000 的小区间覆盖 q_2 点，长度为 1/100000 的小区间覆盖 q_3 点，依此类推。所有这些小区间的总长度等于 $\dfrac{1/1000}{1-1/10} = \dfrac{1}{900}$。

显然，我们可以继续缩减覆盖 [0,1] 上所有有理数的小区间列的总长度，使其尽可能小。一个集合如果能被一列区间覆盖，且区间列的总长度可小于预先给定的任意正值，我们称此集合为零测集。

所有的真理，一旦被发现都很容易理解；关键是如何发现它们。

——伽利略

数学是人类精神最美丽最强大的创造。

——斯特凡·巴拿赫

不是搞笑吗？这些集合的基数竟无差异

正如我已经提到的，0 和 1 之间的所有实数——有理数和无理数的基数为

$\aleph$，它被称为连续基数。从 0 到 1 的这个线段的长度是一个单位，基数为$\aleph$。其实易见，任何两个线段都是相对应的，也就是说，任何线段 AB 与另一线段 CD，都存在元素之间的既单又满对应关系。下图给出一点提示。

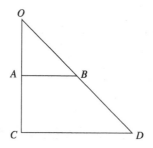

还没看出这个对应关系吗？下面我来具体解释一下。对于线段 AB 上的任意点，我们都可以在线段 CD 上找到对应的点，如下图所示。

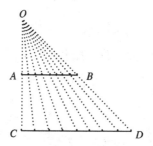

显然，较短线段 AB 上的每个点都可以投射到线段 CD 的不同点上，此为一个一对一的映射关系。

同样，亦显见线段 CD 的每一个点也可以在线段 AB 上找到一个对应的点。（只需要从线段 CD 上的点到三角形的顶点连一条线，其与线段 AB 的交点即为所求的对应点。）这是一个满射。

既然我们已经能成功地将两条长度不同线段上的点两两配对，这就说明它们具有相等的基数——也就是连续基数$\aleph$。

还有更奇怪的事情。我可以（以类似的方式）证明：有限长的线段与无穷长的射线具有相等的基数。我在下图给出提示，请仔细看图思考，我相信你会找到两个点集之间的对应关系。

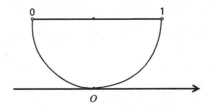

这意味着，一条长度为 1 毫米的线段与一条长度为 10 亿千米的线段，甚至一条无穷长的线段都有"一样多的点"。如果我们回想一下，事实上一个点没有长度、没有面积也没有体积，那么这个结果似乎就不那么令人吃惊了。芝诺也许会问，这些"无长度"的点是如何形成一条长度为正值（比如 107）的线段的，甚至是形成一条无穷长的射线的。

从直线、射线和线段出发，康托尔还证明了线段上的点与正方形甚至是立方体内的点之间存在一一对应关系！

但更令人震惊和印象深刻的是：康托尔还证明了直线和 n 维空间之间是一一对应的（这里，对于所有正整数 n 成立）！

我要告诉你一件事：这个发现对康托尔本人来说也是极其不可思议的。他自己评论说："我发现了，但我无法相信！"

另类集合

给出代数数的概念后，我们定义了不是代数数的数为超越数。基于实数集的基数高于代数数集合的基数，这自然意味着超越数是存在的，也就是说确实存在一些数，不是形如 $a_n x^n + a_{n-1} x^{n-1} + \cdots + a_1 x + a_0 = 0$ 多项式方程的根。

但是，超越数在哪儿呢？尽管超越数的概念已经提出了很长时间，可直到 19 世纪，仍没有人真的"看到"过一个。

超越数存在性的证明并非出自格奥尔格·康托尔之手。1844 年，法国著名数学家约瑟夫·刘维尔证明了这一点。然而，康托尔改进了刘维尔的工作，证明了绝大多数实数是超越数。（换句话说，不仅大多数实数不是有理数，甚至连代数数都不是。）

> **定理：全体超越数构成一个不可列集。**

证明：实数集可分为两个不相交的子集合——代数数集合和超越数集合。（此处，"相交"的意思是某个实数既是代数数，又是超越数。）

记全体代数数构成的集合为"A"，全体超越数构成的集合为"T"，全体实数的集合为"R"。

> **定义：**
> 两个集合 A 与 B 的并集，其元素或属于 A，或属于 B，记作 $A \cup B$。

代数数集 A 与超越数集 T 的并集即为实数集。因此，可以写为 $R = A \cup T$。

问题的关键在于：实数集 R 的基数为 $\aleph$，因此得出 T 必为不可数集（或更小基数）的结论并非令人难以置信。

超越数集 T 是不可数集，是因为任何两个可列集的并集必然还是可列集。

如果 A 和 T 均为可列集，也就是说代数数和超越数均是可以一一排列的，那么设它们的一个排列是 $A = (a_1, a_2, a_3, \cdots)$ 和 $T = (t_1, t_2, t_3, \cdots)$。进而，它们的并集 $T \cup A$ 也是可列集，因为并集中的元素可以一一排列如下：

$$T \cup A = (a_1, t_1, a_2, t_2, a_3, t_3, \cdots)$$

然而，R 是不可数集。且我们已知 A 为可列集（参见上面的"代数数莅临希尔伯特酒店"一节）以及 $T \cup A = R$，这些说明 T 不可能也是可列集。

既然超越数的数量如此之大以至于它们构成不可数集，我们似乎可以毫不费力地找到一个超越数的例子。数学家们应该能找到大量的超越数才对。

事实真是如此吗？并不是，只有极少量的超越数被确定出来！

让我们试一试，比如，（$\sqrt{2}+\varnothing$）是不是超越数呢？并不是，这个数是代数数——读者可以尝试找一个（整系数）多项式方程，以此数为一个解。我支持大家寻找超越数的任何尝试。

那我们现在已知了什么呢？我们证明了超越数不仅有无穷多个，而且是不可数之多。但问题是，这是一个存在性的证明，并不是一个构造性的证明。换句话说，虽然证明可能使我们相信存在无穷多的超越数（甚至达到连续统的基数），但这对找出超越数并没有给出任何信息。

如之前提到的，1844 年，刘维尔终于找到了一个超越数，即

$$L=\sum_{f=1}^{\infty}10^{-j!}=0.1100010000000000000000001000\cdots$$

你可能不清楚这个数到底是多少，让我来解释一下。

刘维尔数的构造如下。

第一步：计算所有的阶乘：1!= 1，2!= 2，3!=6，4!=24，5! =120，⋯

第二步：构造一个十进制小数，小数点后仅出现数字 0 或 1，数字 1 在第 1、2、6、24、120、⋯位，其他位置均为数字 0。

刘维尔证明了这个数不是任何整系数多项式的根。

可以想象，这个证明绝不简单，所以你只要相信我（或刘维尔），认定此数为超越数即可。

让我们考察下一个数字 3.1400010000000000000000005⋯，此数也是以类似的方式构造的。这个数是把 π 的十进制形式中除了第 1、2、6、24、120、⋯位之外其他位置上的数全换成 0 得到的。（未作改变的这些位置的序号其实分别对应阶乘 1 !，2 !，3 !，⋯。）在这些未作改变的位置，原来 π 中的每个数字被一个接一个地写出来。

（π = 3.141592653589793⋯，我们是把原来小数点后的 5 写在了第 24 位，

把原来小数点后的 9 写在了第 120 位，原来的 2 写在第 720 位，等等。）

数学家们可以证明这也是一个超越数（同样，你只需相信他们即可）。

但 π 本身呢？是否也是超越数呢？

> ### π：我不是有理数
> ### 你永远无法想象我的下一位是什么……

π 其实是无理数（也就是说，没有哪个分数 a / b 会等于 π），这已是大家周知的了——但其实直到 19 世纪，才由波斯数学家、天文学家、地理学家穆罕默德·伊本·穆萨·花拉子密证明之[花拉子密的拉丁文译名为"Algoritmi"，源于"算法（algorithm）"一词]。他在代数领域做出了许多极其重要的贡献，现在使用的"代数（algebra）"一词就来自阿拉伯文的拉丁文转写"al-jabr"，这个词出现在花拉子密于 820 年写的代数方面的开创性巨著的标题中。

犹太神学家、哲学家迈蒙尼德也表示相信——但没有证明 π 是无理数。直到 1768 年，瑞士数学家约翰·海因里希·兰伯特才对此给出了正式的证明。（欧拉并不是唯一一位给出这个证明的数学家！）

证明 π 是一个无理数相对简单些，但证明 π 是超越数极其复杂艰难。数学家们花了 100 多年的时间探索这个问题，直到德国数学家费迪南·冯·林德曼于 1882 年最终给出证明—— π 不是任何整系数多项式方程的根。

1873 年，法国数学家（你注意到我们提到过多少法国数学家了吗）查尔斯·厄米特证明了欧拉常数 e 是一个超越数。[3] 证明一个数是超越数（特别是证明 π 是超越数）是一个特别漫长而复杂的过程，在此书中我们不会深入探讨这些证明。一般来说，仅仅设想一下去证明一个数不能满足任何形如 $a_n x^n + a_{n-1} x^{n-1} + \cdots + a_1 x + a_0 = 0$ 的整系数多项式方程就绝非易事！

有多难呢？你要知道，直到目前数学家们还没有确定 π 的 π 次方幂（$π^π$）

是代数数还是超越数。大卫·希尔伯特（他正是非凡的英菲尼迪酒店的"大老板"）曾不解 $2^{\sqrt{2}}$ 是代数数还是超越数。如今，我们已经知道这个数是超越数。其证明含于一个叫作格尔丰德－施奈德定理的一般性结论之中。根据这个定理，如果 a 是一个非 0 或 1 的代数数，b 是一个无理数且为代数数，那么 a^b 就是超越数。运用这个定理，我们可以推断出 e 的 π 次方幂（e^π）是超越数，因为 $e^\pi = e^{i\pi\,(-i)} = (-1)^{-i}$。

此数中，a 的位置上是（-1），是一个非 0 或 1 的代数数；b 的位置上是（$-i$），既是代数数（i 是方程 $x^2 + 1 = 0$ 的根）也是无理数。

这个奇妙的定理是在 1934 年和 1935 年由俄罗斯数学家亚历山大·格尔丰德和德国数学家西奥多·施奈德分别独立证明的。希尔伯特于 1900 年在巴黎索邦大学召开的国际数学家大会上提出的 23 个悬而未决的重要数学问题中，格尔丰德－施奈德定理为第 7 个问题的第二部分提供了解答。

这样，我们知道了 $2^{\sqrt{2}}$ 和 e^π 是超越数。还有无穷多个超越数有待我们发现。

连续统假设与缺失的公理

到此，我们已经清楚实数集的基数严格大于自然数集的基数。但是到底大了多少呢？为什么用符号 $\aleph$ 表示呢？为何不把实数集的基数记为 $\aleph_1$，这样不更像一个在 $\aleph_0$ 之后的基数符号吗？

正如我们之前所述，一个集合是不可数集并不意味着其基数一定是 $\aleph$。这自然导出一个问题：是否存在一个集合，其基数严格大于 $\aleph_0$ 且严格小于 $\aleph$？正是格奥尔格·康托尔在 1877 年提出了这个问题。

在数学领域中，提出问题的艺术注定比解答此问题更有价值。

——格奥尔格·康托尔

康托尔的观点是不存在这样的集合，其基数严格大于 $\aleph_0$ 且严格小于 $\aleph$。

换句话说，他设定实数集的基数就是$\aleph_1$，这个假设被称为连续统假设。

连续统假设（CH）

不存在一个集合的基数严格大于整数集的基数$\aleph_0$，且严格小于实数集的基数$\aleph$。

经过多年的不懈努力，数学家们还是未能验证这个假设命题的真伪。它被列为希尔伯特 23 个重要数学问题的第一个。

为了后面更好地理解连续统假设的解决这一历史性事件，我们先回溯一下当时的几何领域发生了些什么。大多数几何学都是基于欧几里得于 2000 多年前建立的一套公理体系（又名公设），这些公理现在仍然适用于"一般的"几何学理论。虽然公设历史悠久，但其实对于欧几里得第五公设——"平行线公设"，一直存在一个悬而未决的问题。根据这个假设，过直线 m 外一点 A，有且恰有一条直线平行于给定直线 m。（这是 18 世纪苏格兰数学家约翰·普莱费尔对欧几里得第五公设描述的版本。欧几里得的版本涉及角度和，但没有提到"平行"这个词。）问题：第五个公设能否从其他 4 个公设中推导出来？换句话说，这个公设是否是多余？事实证明，这个公设是必要的，也就是说它不能用其他的公设推导出来。这个想法可能启发了数学家们去研究连续统假设与集合论的各个公理是如何相关的，最终关于公理的论述影响了集合论的发展。

多年来，人们越来越清楚地认识到，关于无穷大的问题非常接近数学理论的根基，对它们的处理应该极其谨慎。

1908 年，一套被称为泽梅罗 – 弗伦克尔系统（ZF）的公理体系被提了出来。我们在第六讲中其实已经提到过这位泽梅罗（正是为康托尔辩护并提出了博弈论第一个定理之人）；阿夫拉罕·哈勒维·弗伦克尔是以色列数学家，曾担任耶路撒冷希伯来大学数学学院的首任院长。二人提出这一公理体系，目的是为集合论和其他数学理论建立一个坚实的理论基础，数学家们以此可以处理无穷集的基数等概念，并规避一些问题，譬如罗素悖论。ZF 公理体系只是公理化集合论而涉及的一些非常基本的陈述，我们相信（是的，在我们的心中）这些公理是不言而喻的，足以被认为是理所当然的。例如，"空集公理"：

$$\exists A \forall B (B \notin A)$$

即"存在一个集合，不含任何元素"。

人们期许泽梅罗－弗伦克尔公理体系之于集合论就等同于欧几里得公理体系之于几何学。然而，这止于期许。

1938 年，奥地利逻辑学家、数学家和哲学家库尔特·哥德尔证明了，连续统假设不可能在 ZF 公理体系下被证明为假命题。25 年后的 1963 年，斯坦福大学数学教授保罗·科恩证明，连续统假设不能用 ZF 公理加以证明。科恩和哥德尔两人共同证明了连续统假设既不能被证明为真，也不能被证明为假。其结果是连续统假设不能仅用 ZF 公理体系来判定真伪。这是第一个"无法判定的"命题。

在古老的欧几里得世界里，亚里士多德的逻辑学认为所有命题只有两种情况：真的（T）和假的（F）。而现在，我们发现还有第三种：不可判定的（U）。

人们可能会问，之所以会无法判定，是不是因为 ZF 公理系统中缺失了一些公理？也许存在另一个"显然正确"而未被发现的公理，把它添入 ZF 公理体系之后，我们就能够证明连续统假设了 [4]。更乐观的想法是，是否可以在 ZF 公理系统中再额外增加一些公理，从而可以判定所有命题的真伪？

1931 年，年仅 25 岁的哥德尔提出了 3 个定理：一个完备性定理和两个不完备性定理。简单来说，第一个不完备性定理表明：任何一个公理系统，只要蕴含自然数集，就存在一个不可判定的命题。这个定理对于热衷于数学公理化的数学家而言，无疑是一道晴天霹雳。

这 3 个定理震惊了整个数学界，直到今天人们仍然在争论其核心要义。

这些具有划时代意义的结论自然值得人们深入研究。

50 多年来，致力于公理化集合论的数学家们一直在努力寻找那所谓的"缺失的公理"，他们都以失败告终。今天，大多数专家学者认为，并没有公理被遗漏了；而与其纠结于此，不如去研究不同公理之间的相互关联。当然，我们也可以直接把连续统假设视为公理，但需注意公理必须得是其正确性易见的命题，而连续统假设肯定不是。

2006 年（保罗·科恩逝世前一年），在维也纳举行的哥德尔纪念大会上，保罗·科恩做了一场关于连续统假设的精彩演讲。演讲视频（分为 6 部分）可以在互联网上找到。

与此同时，在几何学领域，从欧几里得公理系统的前 4 个公设来推导第五个公设的尝试失败后，一些有趣的理论油然而生，给予数学家们以新的思路。19 世纪，两种新的几何体系被提了出来，它们被称为非欧几里得几何。第一种（双曲几何）设定过直线 m 外一点 A 至少存在两条直线和已知直线 m 不相交。第二种（椭圆几何）设定过直线 m 外一点 A，不能做直线和已知直线 m 不交。

类似于新的非欧氏几何理论被引入几何学以替代欧氏几何中的第五公设，连续统假设也被一些新的理论所替代，进而使非康托尔集合论得以发展，在这些新的集合理论中连续统假设并未被设定。坦率来说，存在许多非康托尔理论。因为近年来数学家们利用保罗·科恩提出的系统的"力迫法"，已经证明了许多经典的未解决的公开问题其实都是不可证明的。

在过去，人们认同这样的想法：只要足够聪明的数学家愿意花足够长的时间研究数学，任何数学命题都可以被证明或被证伪。而哥德尔定理表明，有些命题既不可证其正确也不可证其错误。事实上，它们是无法判定的。

数学可以被定义为这样一门学科，我们永远不知道其中所说的是什么，也不知道所说的内容是否正确。

——伯特兰·罗素

理查德悖论（关于大部分事物，我们无可言说）

我们将要讨论的这个悖论是以法国数学家朱尔斯·理查德（1882—1956）的名字命名的，并于 1905 年发表。下面，我简单（不是用专业名词）来描述这个悖论。

"一个实数，它的整数部分是 42，小数点后奇数位置是 0，偶数位置是 1"，这段话就能准确定义数 42.0101010101…同样，"一个数，自乘 3 次后等于 7"也能准确定义数 $\sqrt[3]{7}$。

理查德提出：用 E 来记所有能用片语（有限个词）表达的实数之集合。毫无疑问，这个集合是可列的（因为我们可以根据片语中词的数量来排列这些数），而对于单词数量相等的片语，可以按照字母顺序来排列。再利用康托尔的对角线论证法，构造一个不在原数列中的新数。然而，这个数字仍然可以用含有限数量单词的片语来定义。因此，新构造的数一方面不在集合 E 中，但另一方面又应该是集合 E 中的元素。

此为一悖论。

解决此悖论的一种方法是指出"不能用有限个单词来定义的数这个属性"不是一个可以用数学语言定义的性质。让我们从另一个角度来观察这个悖论。我们假设英语词典里只有 5 个单词，例如："boy""coy""joy""soy" 和 "toy"。有了这样的限制，我们会发现我们不可能讨论任何需要使用超过这 5 个词的话题。例如，我们不能讨论连续统假设，当然也不能讨论不同物理理论之间可能存在的矛盾。

每一个符号逻辑系统（包括数学）都由一系列公式组成。这里的"公式"一词并不局限于数学意义上相对狭义的概念。我们可以在更广泛的意义上理解这个概念：一个符号、词、表达式、短语、定义式——借助于它就能表达任何事物。因为这些公式和自然数之间有一一对应关系，进而所有公式构成基数为 $\aleph_0$ 的集合。真若如此，那怎么讨论实数集呢？要知道实数集的基数大于 $\aleph_0$。所以结论只能是，一定存在不能用公式描述的实数。

此时值得一提的是，美国数学家、哲学家查尔斯·皮尔士，他独立于康托尔也发现了，不可能在自然数集和实数集之间找到一一对应关系。然而与康托尔不同的是，皮尔士并没有深入探究下去。相反，他认为实数理论并未成熟，故去研究它无太大意义。

　　对于不可言说之物，必须保持沉默。

——路德维希·维特根斯坦

可计算数

> ## 定义
>
> 　　一个实数被称为可计算数，即它通过某种（有限）算法计算得到的十进制小数的估计值可与该实数逼近到任意期望的精度。

有理数是可以计算的，因为它们的十进制形式的小数部分是有限的或者是无穷且循环的，可以通过简单的除法运算得到。

数 0.232233222333222… 也是可计算的，因为我们可以轻松找到算法，计算结果可精确到小数点后任意位。（注意：这个数字是无理数！也许你会愿意证明这一点。）

代数数也是可计算的，因为有多种方法可以求解形如 $a_n x^n + a_{n-1} x^{n-1} + \cdots + a_1 x + a_0 = 0$ 的方程，得到任意精度的根。

还有另外一些上面未提及的数，但它们也是可计算的，其中两个是 π 和 e。

π 是什么？

无理数 π 可表达为无穷不循环十进制小数，没有一个代数公式可以计算出此数。不过，π 仍旧是可计算的。

阿基米德早已经意识到存在一种算法，它可以求得 π 的十进制形式的近似值且可任意提高结果的精度。（此法基于计算圆内接 n 边正多边形的周长。当 n 趋于无穷时，多边形在形状上趋于圆形。）

1593 年，法国数学家弗朗索瓦·维特用一组嵌套根式[5] 给出了一个奇妙的公式来计算 π。

$$\pi = 2 \times \frac{2}{\sqrt{2}} \times \frac{2}{\sqrt{2+\sqrt{2}}} \times \frac{2}{\sqrt{2+\sqrt{2+\sqrt{2}}}} \times \cdots$$

此公式除了独特的内在之美外，还展示了一些非常重要的东西，那就是结尾的省略号，其意思是"无穷地继续这个过程"。你可能不相信，但这是人们第一次把无穷过程用数学公式清楚地表达出来。

这让我想起，据说路德维希·维特根斯坦在他的演讲中曾要求听众想象一个人边走边背诵"……，5,1,4,1，点，3——完成"。当此人被问及他之前在做什么时，他回答说，他刚刚把 π 的十进制小数形式从尾到头倒背了一遍。他从遥远的无穷过去开始这件事，一直忙到了现在。这个故事似乎比说"某人决定坐下来，从头到尾写出 π 的十进制小数形式，持续工作到遥远的无穷未来"更荒谬。但其实有何不同呢？

回到 π。除了阿基米德和维特，还有许多其他数学家致力于计算 π 值，这些工作的结果最终都是以无穷级数或无穷连乘积的形式呈现的。1650 年，英国数学家约翰·沃利斯发现了下面的公式：

$$\frac{2}{1} \times \frac{2}{3} \times \frac{4}{3} \times \frac{4}{5} \times \frac{6}{5} \times \frac{6}{7} \times \frac{8}{7} \times \frac{8}{9} \times \cdots = \frac{\pi}{2}$$

把上式左侧相邻两项两两配对相乘，可以将公式改写为：

$$\frac{4}{3} \times \frac{16}{15} \times \frac{36}{35} \times \frac{64}{63} \times \cdots = \frac{\pi}{2}$$

这个含有无穷多项乘数的等式，确实可以展示 π 的小数点后面越来越多的精确数字。

值得一提的是，在 1665 年约翰·沃利斯第一个使用了符号 ∞（他在二次曲线的面积计算中使用了 1/∞ ）。

苏格兰数学家、天文学家詹姆斯·格雷戈里在 1671 年，提出了一个不同的公式——以无穷求和的形式来表达 π：

$$\frac{1}{1} - \frac{1}{3} + \frac{1}{5} - \frac{1}{7} + \frac{1}{9} - \frac{1}{11} + \cdots = \frac{\pi}{4}$$

多么美丽的公式啊！简单，优雅，过目难忘。

然而，不得不指出来，此公式真正的提出者，目前大家公认的是 14 世纪印度数学家玛德哈瓦，他应该是早在格雷戈里之前就洞悉了此公式。一些学者认为玛德哈瓦不仅提出了此公式，甚至还找到了一种方法计算其与 π 的精确值之间的误差，更提出了另一个更快逼近 π 的公式，也就是下面这个公式：

$$\pi = \sqrt{12} \times \left(1 - \frac{1}{3 \cdot 3} + \frac{1}{5 \cdot 3^2} + \frac{1}{7 \cdot 3^3} + \cdots\right)$$

老实说，在此部分我确想抓住机会向大家展示一些特别优美的公式来计算 π。其实，其中任何一个公式都足以说明 π 是一个可计算数。

e 是什么？

欧拉常数 e 也不是一个代数数，但因为它被定义为一个数列的极限，所以 e 也是可计算的。类似于 π，数学家们也找到了许多的方法来计算其精确值。下面是一些漂亮且相对简单的例子，您可能对前两个是比较熟悉的：

$$e = \lim_{n \to \infty} (1 + \frac{1}{n})^n$$

$$e = \sum_{n=0}^{\infty} \frac{1}{n!} = \frac{1}{0!} + \frac{1}{1!} + \frac{1}{2!} + \frac{1}{3!} + \frac{1}{4!} + \cdots$$

$$e = \lim_{n \to \infty} \frac{n}{\sqrt[n]{n!}}$$

因此，人在自然界中到底是什么呢？对无穷而言的虚无，对虚无而言的全体，抑或是无和全之间的一个折中，他距离理解这两个极端都是无穷之远。

——布莱斯·帕斯卡

不可计算数

是否存在一些实数是不可计算的呢？不仅存在，而且有很多。事实上，正如我们之前指出的，算法有可列多种，所以可计算数的基数必然是$\aleph_0$。而实数集的基数为$\aleph$，这就意味着不可计算的实数，其基数须为$\aleph$！换句话说，绝大部分实数都是不可计算的。大部分的实数是找不到算法来完美地定义其值的。那么，我们可否讨论这些不可计算数呢？能否找到一个不可计算数的例子呢？

有些数学家认为没有必要算清全体实数，而且从实用的角度考虑，仅可计算数就完全够用了。

对于那些想要了解更多（非常多）可计算数和它们与阿兰·图灵提出的一些概念之间的美妙联系的人而言，我强烈推荐阅读英国数学家、哲学家，获得过无数（也许可以说是"无穷"）奖项和头衔的罗杰·彭罗斯爵士的书：《皇帝新脑：有关计算机、人脑及物理定律》。

无穷延伸的不可能形状

与父亲列昂尼德·彭罗斯合作，罗杰·彭罗斯爵士设计了许多不可能的形状，并把它们送给了荷兰艺术家莫里茨·科内利斯·埃舍尔（《哥德尔、艾舍尔、巴赫：集异璧之大成》一书的主角之一），后者将它们用在了自己的版画作品中。其中最著名的两幅画[6]如下所示：

彭罗斯三角形　　　　　　　彭罗斯阶梯——一个永无止境的旅程

想象一下，爬上这样的阶梯，不停爬啊爬却总是回到同一个地点。埃舍尔在他的作品（《上升和下降》）中还加入了两列僧侣，他们义无返故地往前走，一队总在上楼梯，另一队总在下楼梯，走在同一楼梯上却又都总回到原来的出发地。

瞧，我们已经发现了一些非常有趣的概念，现在是时候让我们回到康托尔的集合论了，讨论无穷多个无穷大的问题。

无穷多个无穷大

是否存在一个数集合，其基数大于实数集的基数呢？是否存在基数最大的集合呢？

康托尔给出了一个最大基数集合不存在的证明。这个论证实际上是极具建设性的，对于任何给定的集合，他证明了总能找到一个基数更大的集合。

这个基数更大的集合有一个很酷的名字——"幂集"。

幂集

在阐述定理之前，我们先给出幂集的定义。

定义：幂集

设给定集合 A，由 A 的所有子集构成的新集合被称为 A 的幂集，记作 $P(A)$。

举个例子。设 $A=\{17, 42, 0\}$，则 A 的幂集为 $P(A)=\{\{\}, \{17\}, \{42\}, \{0\},$ $\{17, 42\}, \{17, 0\}, \{42, 0\}, \{17, 42, 0\}\}$

幂集 $P(A)$ 中的元素 "{}" 表示空集，任何集合都以之为一个子集。（读者可能记得，在书的前半部分我们是用记号 "∅" 来表示空集的。所以，两个记号 "{}" 和 "∅" 表示相同的含义。）我们注意到集合 A 也是其自身的子集。此时读者不妨数一数 A 的子集个数。A 含有 3 个元素，而 A 的幂集含有 8 个元素，即 A 有 8 个子集。相信读者脑海中立马会浮现一个等式：$2^3=8$。这只是巧合吗？不，这绝非巧合。

小定理：

若 $\#A=n$，则 $\#P(A)=2^n$。（其中集合名称前加符号 # 表示集合含有的元素个数。）

此定理即说明，含有 n 个元素的集合的幂集恰包含 2^n 个子集。定理的证明是由威廉·莎士比亚提出的：对于任一给定子集，原集合中的每个元素恰有两种可能，属于或不属于该子集。因为原集合中的每个元素对于任何给定

的子集都有这两种选项，所以 n 个元素共有 2^n 种可能。

为了更具体地解释这个概念，我们以集合 $A = \{17, 42, 0\}$ 为例讨论其子集。假若有一个子集，元素 17 和 0 都属于它，但元素 42 不属于它，这一组元素选择得到的就是子集 $\{17, 0\}$。元素的每一组选择就决定了一个子集的构成，因此子集的数量等于这些选择组合的数量，也就是说为 $2 \times 2 \times 2 \times \cdots \times 2 = 2^n$。

证毕。

康托尔定理：

对任何集合 A，其幂集 $P(A)$ 的基数严格大于 A 的基数。

通俗来说，康托尔定理指出，一个集合 A 所含元素的数量 $\#A$ 严格小于它的幂集 $P(A)$ 中元素的数量，亦即 A 的子集的数量。也就是说，任何集合的幂集的基数都比集合本身的基数大。

现在考虑一个无穷集，比如一个基数为 $\aleph_0$ 的可列集或一个基数为 $\aleph$ 的不可数集，其幂集的基数分别记为 $2^{\aleph_0}$ 和 $2^{\aleph}$。

两道思考题

1. 证明康托尔定理（提示：罗素悖论）。

2. 自然数集的基数为 $\aleph_0$，所以其幂集的基数为 $2^{\aleph_0}$。请证明 $2^{\aleph_0} = \aleph$。换句话说，证明自然数集的所有子集构成一个连续基数的集合。

布拉利·福尔蒂悖论

1897 年，意大利数学家塞扎尔·布拉利·福尔蒂提出了一个悖论，后来这个悖论被冠以他之名。此悖论可以描述如下：

考察所有集合构成的集合，也就是说，今日存活之人类全体构成的集合，生活在往昔之人类全体构成的集合，能够被谱写的歌曲全体之集合，未上过时尚频道的所有女性之集合，名字叫格里泽尔达的所有女性之集合，所有花组成的集合，所有能想到的想法之集合，所有我没有参与的战斗之集合，实数集，所有非塔尔科夫斯基执导的电影之集合，某网站上正在播映的或曾经播映的全体影片之集合，所有函数构成的集合，所有从未遭受抑郁折磨的哲学家之集合，此刻在我的地下室可以找到的全体分子之集合……现在，再加上这些集合的所有子集。简而言之，你能想到的任何事物都能在这个集合中找到。

记 Ω 为此集合。

明显的，Ω 的基数必须大于任何其他集合的基数——因为它包含了一切集合。然而，康托尔定理指出，$\#P(\Omega) > \#(\Omega)$。也就是说，Ω 的幂集 $P(\Omega)$ 的基数严格大于 Ω 的基数，而后者却是含有所有集合的集合！

康托尔并未对这个悖论感到特别担忧，因为在他看来，这个集合定义为由所有集合构成，实在太庞大，不该看作是一个集合。同样的，读者也无须惊讶，因为受罗素悖论启发，我们已知并不是任何一组事物都能生成一个合规的集合。

基数的算术运算

我希望到此，大家已经清楚"基数"这一术语——只是有限集的"元素个数"一词在无穷集中的推广。我们用自然数基数来表示有限集中元素的个数，而基数一词也可直观地表示无穷集中元素的数量。例如，如果一个集合的基数为 $\aleph_0$，那么它含有的元素数量与自然数集相当。

我们在数学课上学过，有限数可以进行加法、除法、乘法等运算。进一步，我们也可以将这些基本的算术运算作为集合之间的运算。当我们把两个自然数相加时，我们实际上是在"合并"它们；这类似于把两个不相交的集合并起来（两个集合不相交，是指它们没有任何公共元素）。如果一个集合有 m 个元素，另一个集合有 n 个元素，那么两个不相交的集合的并集将有 $(n+m)$ 个元素。

举一个简单的例子：

设 $A=\{Q, W, E, R, T, Y\}$，$B=\{17, 21\}$，然后 $A \cup B=\{Q, W, E, R, T, Y, 17, 21\}$。

此例中，A 的基数为 $\#A=6$，B 的基数为 $\#B=2$，因此 $\#A \cup B=6+2=8$。

无穷基数的运算也是完全同理的。例如，为了计算 $\aleph_0+\aleph_0$，必须取两个不相交的无穷集，这两者都是可列的，然后考察它们的并集的基数。（下面的例子表明，结果并不依赖于集合的选择。）

例如，取 $A=\{1, 3, 5, 7, 9, 11, \cdots\}$ 和 $B=\{2, 4, 6, 8, 10, \cdots\}$。$A$ 和 B 不相交，且每个集合的基数自然都是 $\aleph_0$。

正如你所看到的，此例中 $A \cup B=N$，也就是说他们的并集即为整个自然数集，其基数为 $\aleph_0$。

于是，我们得到 $\aleph_0+\aleph_0=\aleph_0$。（其实，这真的没有揭示任何新的东西：因为我们已经知道两个可列集的并集也是一个可列集。）

但是请注意！不要理所当然地认为可以把所有常见的数学规则应用到无穷基数上来。尽管 $\aleph_0+\aleph_0=\aleph_0$，我们不能两边同时减去 $\aleph_0$，否则最终会得到一个荒谬的结论：$\aleph_0=0$，古怪至极！所以请记住，在处理无穷基数时一定要谨慎小心。

我们也可以把乘法运用到对集合的运算上。当我们把自然数 n 乘以 m，其结果实际上就等于 m 个 n 相加，即 $n+n+\cdots+n=n \times m$。把这个想法运用到集合运算之上：给定两个集合 A 和 B，说"B 个 A"是指对 B 中的每个元素，都配上一个集合 A。举个例子，设 $A=\{Q, W, E, R, T\}$ 和 $B=\{17, 21, 33\}$。把两个集合作直积，即将 17 与 A 中每个元素两两配对，将 21 与 A 中每个元素两两配对，将 33 与 A 中每个元素两两配对。这可以表示为：

$A \times B=\{<Q,17>,<W,17>,<E,17>,<R,17>,<T,17>\}\ \cup$

$\{<Q,21>,<W,21>,<E,21>,<R,21>,<T,21>\}\ \cup$

$\{<Q,33>,<W,33>,<E,33>,<R,33>,<T,33>\}$

直积 $A \times B$ 中含有 15 个元素，此数恰为 A 所含元素数量乘以 B 所含元素数量之积。但是对于无穷集的情形，我们却有 $\aleph_0 \times \aleph_0 = \aleph_0$。此论断再一次来自于希尔伯特酒店能够容纳多个可列集这一观察。

如果在无穷集之间进行算术运算，我们会发现许多有趣的结果。

1. 因为 $\aleph_0 = \aleph_0 + \aleph_0$，所以对于任何有限数 n，有 $\aleph_0 + n = \aleph_0$。这是因为 $\aleph_0 \leqslant \aleph_0 + n \leqslant \aleph_0 + \aleph_0 = \aleph_0$。

2. 考察线段 $[0,1]$，其基数为 $\aleph$，并上基数同为 $\aleph$ 的线段（1,2]，就得到线段 $[0,2]$，其基数与所有线段一样同为 $\aleph$。因此，我们得到等式 $\aleph + \aleph = \aleph$。注意线段（1,2] 的左端为圆括号，这表示数 "1" 不在此集合中。去掉数 1，正是为了确保两个线段不相交。

3. 可以证明射线的基数也是 $\aleph$。因为可以把射线看作可列个不交线段：$[0,1]$,（1,2],（2,3],（3,4],（4,5],…之并，因此有等式 $\aleph \times \aleph_0 = \aleph$。

4. 如果存在一条曲线可以填满整个正方形，那么等式 $\aleph \times \aleph = \aleph$ 成立。要理解这一点，可以把正方形看作是由一族水平线段组成的。这意味着一个正方形实际上是 $\aleph$ 个线段的并集，也就是 $\aleph$ 个 $\aleph$。而曲线只是一条弯曲的线段，因此其基数同样是 $\aleph$。既然我们已知这个线段能填满整个正方形，就证明了 $\aleph \times \aleph = \aleph$。于是，线段 $[0,1]$ 与正方形具有相同的基数。

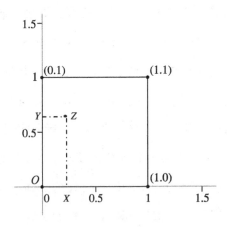

其实，直接证明线段 $[0,1]$ 与正方形有相同的基数并不是一件困难的事情。

考察上图中的单位正方形。

任取正方形中的一点，不妨设该点的坐标为 $X = 0.a_1a_2a_3a_4\cdots$ 和 $Y = 0.b_1b_2b_3\cdots$。

在线段 [0,1] 上取点 Z 与之对应，其坐标为 $Z = 0.a_1b_1a_2b_2a_3b_3\cdots$。读者可以验证这个对应关系是一对一的且是满的。

下面就我们上面的论述做一个小小的总结：

$$\aleph = \aleph + n$$
$$\aleph = \aleph + \aleph_0$$
$$\aleph = \aleph + \aleph$$
$$\aleph = n \times \aleph$$
$$\aleph = \aleph_0 \times \aleph$$
$$\aleph = \aleph \times \aleph$$
$$\aleph = 2^{\aleph_0}$$

换言之，上述所有基数均相等。

那么，这一切有什么意义呢？当我们在无穷的世界里时，符号与它们之间的等式关系都将大不相同。

康托尔集

康托尔曾问过的另一个问题是，是否存在一个基数为 $\aleph$ 的集合，其不包含任何线段？确实存在，这是一个以他的名字命名的集合：康托尔集。它的构造方式如下：

把线段 [0,1] 三等分，去掉中间的部分，只留下它的两端。

剩下的是线段 [0,1/3] 和 [2/3,1]。类似操作，将这两个线段各三等分后，去掉中间部分，仅剩下它们的端点。在剩下的更小的线段上，都重复这个过程（三等分，去掉中间部分），不断进行下去。

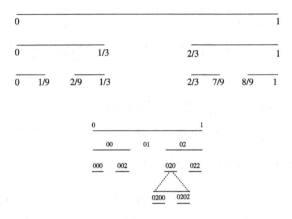

（此处数字下划线表示这是三进制计数。）

无穷次重复该操作后，剩下的点构成的集合被称为"康托尔集"。例如，0 是康托尔集中的一个元素。这个集合有许多有趣的性质，涉及拓扑、测度、几何和集合理论各方面。

康托尔集更具体的描述为，由于每个线段每次被三等分，所以元素表示为三进制形式（即只使用数码 0、1、2）较为方便，转化为三进制计数也不困难。

数字 a 的三进制表示形式为 $a = 0.c_1c_2c_3\cdots$，则指 $a = c_1/3 + c_2/9 + c_3/27 + \cdots$。这里 3、9、27 替代了更常用的十进制中的 10、100、1000。

举个例子：

$0.3 = 3/10 = 0.0220022002200220\cdots$

$0.5 = 5/10 = 1/2 = 0.1111111\cdots$

$0.8 = 4/5 = 0.21012101210121 01\cdots$

> 托马斯·阿奎纳（1224—1274）曾说过，即使无穷的日子过去了，但也没有哪一日存在于距此刻无穷遥远的某个时间点上。同样，在无穷长的实数轴上，任意两点之间的距离必是有限的。正如黑格尔所说，无穷在直线的两端却永远都达不到。

关于康托尔集中元素的三进制表示形式有一个重要的特性待验证。

动动脑筋

请证明康托尔集中的元素其三进制表示式中必不含数码 1。

现在容易看出，康托尔集的基数为 $\aleph$，因为康托尔集中的元素其三进制表示式只用到了 0 和 2 两个数码。这些元素与只用数码 0 和 1 表示的元素，它们所在的集合具有相等的基数。而只使用数码 0 和 1，是二进制计数的方法，并且在二进制下，用数码 0 和 1 可以写出 0 到 1 之间的所有实数。因此结论是，康托尔集与线段 [0,1] 有相等的基数，因此康托尔集的基数为 $\aleph$。

这一结论可谓相当惊人，要知道康托尔集长度为 0。这是因为在构造的过程中，我们删除的线段的长度和为：

$$1 \times \frac{1}{3} + 2 \times \frac{1}{9} + 4 \times \frac{1}{27} + 8 \times \frac{1}{81} + \cdots = \frac{\dfrac{1}{3}}{1 - \dfrac{2}{3}} = 1$$

所以，康托尔集的长度是 1 减去所有这些线段总长度的差，也就是 1 减去 1，这表明康托尔集的长度为 0。

康托尔集确实非常奇特。它含有不可数的点，但总长度为零！这些点存在于一列线段之中！康托尔集亦被认为是最古老的分形。不过这个话题留待另一本书再叙。

再话数字的表示

顺便提一句，数字 1 在三进制计数中可以写作 0.2222…，在十进制计数中可以写作 0.9999999…。也就是说，在十进制计数中有等式 1=0.999999…。听到这里，许多读者可能已经扬起了自己的眉毛（甚至可能扬起了一对眉毛）。也许还会有读者试图指出我的错误，说服我 1 要略微大于 0.999999…。

通常，我的观点几乎不可能让读者信服。但是这并不表示我不愿意去尝试自辩。

试想，用 1 减去 0.999999…结果是多少呢？如果你的答案是任何非零的数，那么抱歉，你一定逻辑错误了。

或者，我们换一种思路：令 $a=0.9999999…$。则等式两边同时乘以 10 后，得到 $10a=9.999999…$。把上述两个等式左右分别做差，有 $10a-a=9.999999…-0.999999…$。整理后，就得 $9a=9$，即 $a=1$。

如果这样都无法让你信服，那我也无能为力了。

结论

一本讲述无穷的书是没有结尾的，无穷就是一个永远道不尽的故事。因此，在此处我并不愿给出一个结论，而是向读者奉上一个非常有趣的问题，读者可以不断思考这个问题，想思考多久就思考多久……

请看：

1/9801=0.00010203040506070809101112131415161718192021222324252627282930313233343536373839404142434445464748495051525354555657585960616263646566676869707172737475767778798081828384858687888990919293949596979900010203…979900010203…

你可看出了此间的玄妙？

还没有？

那好吧。

让我把数字摆放得更容易观察一些：

1/9801= 0.00 01 02 03 04 05 06 07 08 09 10 11 12 13 14 15 16 17 18 19 20 21 22 23 24 25 26 27 28 29 30 31 32 33 34 35 36 37 38 39 40 41 42 43 44 45 46 47 48 49 50 51 52 53 54 55 56 57 58 59 60 61 62 63 64 65 66 67 68 69 70 71 72 73 74 75 76 77 78 79 80 81 82 83 84 85 86 87 88 89 90 91 92 93 94 95 96 97 99 00 01 02 03…97 99 00 01 02 03 04 05 06… 无穷循环，永无止境。

在新的摆放形式下，读者可以发现，所有的两位数都按照大小顺序完美地排列了出来，且不断循环重复，永无止境，但独独缺了数 98，这令人唏嘘不已！

动动脑筋

为什么独独缺了 98 这个数?

提示:数 98 真的缺失了吗?

如果计算 1/1089,结果如何呢?

不妨再试试 1/ 998001 ?

最后,我想以我最喜欢的一句话作为结束语:

为什么?

注释

准备

[1]你可以在互联网上搜一下"猫王——凯文·培根"。猫王在《改变习惯》（1969）中与爱德华·阿斯纳合作。爱德华·阿斯纳在《JFK》（1991）中与凯文·培根合作，因此阿斯纳的培根数是1，猫王（从未与培根合演）的培根数是2。

[2]围棋是一种抽象的策略游戏，两人在棋盘上对弈，目标是围住更大面积，需要下棋之人通战术，懂战略，擅观察。五子棋（也叫五子连珠）也是一种抽象的策略游戏，传统上是用围棋子在 15×15 或 19×19 的围棋盘上对弈，先把 5 个棋子连成一条直线者获胜。用纸笔也能玩哦。

[3]我最早读到老僧登山的故事是在马丁·加德纳的《数学与逻辑谜题自选集》里，这本小册子超级有趣。

[4]很多数学家赞同，他们说我们讨论的是收敛的极限，这与怎样收敛相关。非数学家的读者可以在互联网上查一查"超任务"这个概念：在有限的时间里执行无穷多任务。稍后，我们将在芝诺的阿喀琉斯追乌龟的故事里见到它。

第一讲

[1]拉尔修本人的生平倒不为人知，我们仅知道这位伟大的传记作家生活在"3 世纪左右"。

[2]出自伯特兰·罗素的《西方哲学史》。

[3]条件相当花巧，我就不详细说了。

[4]塔比·伊本·库拉也是把勾股定理从直角三角形推广到所有三角形的第一人。

［5］"真"这个字表示因数不包含这个数本身。

第二讲

［1］数学家哈那德·玻尔是丹麦物理学家尼尔斯·玻尔的弟弟。他还是丹麦国家足球队队员，在1908年奥运会上摘得银牌。该句出自《数学作品集》中的《回顾》。

［2］藤原正彦是日本闻名的大众数学图书作家。他有一本书讲定理之美的，在其中他把定理分成美丑两类。

［3］第一个数是81。第二个是……咚咚咚，1458！你猜对了吗?

［4］答案是62。每个数是它前一个数与前一个数的数码之和。例如16之后是23，因为16+（1+6）=16+7=23。所以谜题的答案是49+13=62。

第三讲

［1］提示：找能整除该数的最大的2的幂，那就是 $P-1$。

［2］素数定理指出：n 附近素数的比例（差不多）是 n 的对数除以 n。当 n 趋于无穷时，这个比例是趋于0的，由此得出自然数里素数是很稀疏的。

［3］素数三胞胎是形如（P，$P+2$，$P+6$）或（P，$P+4$，$P+6$）的三元组。这个就是离得最近的三连素数了。因为连续3个奇数中必有3的倍数，（除去3本身）那就不是素数了。例外的是（2，3，5）和（3，5，7）。

［4］简言之，100！就是93326215443944152681699238856266700490715968264381621468592963895217599993229915608941463976156518286253697920827223758251185210916864000000000000000000000000。

［5］她用这种数探索费马大定理，所以以她的名字命名这种数。

第四讲

［1］《泰阿泰德篇》是柏拉图关于自然知识的对话录，写于公元前369年。

[2] 毕达哥拉斯除了发现无理数外，还对数学有个重大贡献，那就是引入了"证明"这回事，这跟当今的做法很相似了。

[3] 万一忘了，我来提醒你一下：对数就是指数的逆函数，也就是说，如果 $b^y=x$，那么 $\log_b x =y$。换言之，给定 x 的对数就是另外一个给定的底数 b 自乘多少次能得到 x。例如：1000 就是 10^3，所以 $\log_{10} 1000 =3$。同理，$\log_2 64 =6$ 是因为 $2^6=64$。

[4] 两个数如果它们的比等于它们的和与较大之数之比［即，当 $a>b$，如果 $a/b=(a+b)/a$，则 a 与 b 是黄金比例］，两个数呈黄金比例。黄金比例用 Φ 表示。

第五讲

[1] 2010 年 3 月 23 日，慈善组织"温暖之家"在网上的公开信中要求佩雷尔曼把奖金捐赠给他们。克雷数学研究所随后用佩雷尔曼的奖金设立了"庞加莱讲座教席"，这是巴黎庞加莱研究所为年轻有前途的杰出数学家设置的短期访问职位。

[2] 我在何塞·贝纳德的《无穷》一书中发现此例。

第六讲

[1] 读者若对格奥尔格·康托尔的传记感兴趣，我强烈推荐周教授这本优秀著作《康托尔的无穷数学和哲学》。

[2] 泽梅罗还提出了一个关于国际象棋的一个重要理论，有人认为这是博弈论中的第一个定理。［我在《角斗士、海盗和信任游戏》（*Gladiators, Pirates and Games of Trust*）一书中对此进行了解释。］

[3] 罗素也是西尔维斯特奖章的获得者。1958 年，他还获得了诺贝尔文学奖。据我所知，罗素是唯一一位同时斩获这两项大奖的人。

第七讲

[1] 当高度值相同时，按分子由小到大的顺序排列。

第八讲

[1] 我曾经读过一本关于集合论的俄文书，书中出现了希伯来文字。

[2] 对于数学家来说，若一类数在乘法和加法运算下是封闭的，那也就是说，它们形成了一个"环"。

[3] 欧拉常数 e 是世界上最美的公式 $e^{i\pi}+1=0$ 中的一员。这个数字 2.17181828459045…出现在数学领域的方方面面。它既被用作自然对数的底数，也被用于自然指数函数、复利问题等。

[4] ZF 公理系统还需要满足其他一些自然的要求。

[5] 一个根式就是带有根号的表达式。

[6] 列昂尼德·彭罗斯与罗杰·彭罗斯的《不可能形体：一种特殊的视错觉》（*Impossible Objects： A Special Type of Visual Illusion*）。

延伸阅读

如果您对无穷理论非常感兴趣，我推荐下面 6 本自认为特别值得一读的书。

马库斯·杜·索托伊的《素数之歌》（*The Music of The Primes*）

乔治·伽莫夫的《从一到无穷大》（*One Two Three...Infinity*）

马丁·加德纳的《小谜题大全》（*The Colossal Book of Short Puzzles and Problems*）

雷蒙德·斯穆里安的《撒旦、康托尔和无穷大》（*Satan, Cantor and Infinity*）

道格拉斯·霍夫施塔特（中文名侯世达）的《哥德尔、艾舍尔、巴赫：集异璧之大成》（*Gödel, Escher, Bach*）

高德菲·哈罗德·哈代的《一个数学家的辩白》（*A Mathematician's Apology*）